▲ 案例：泰姬陵

U0313100

▲ 案例：迪拜帆船酒店

▲ 案例：悉尼歌剧院

▲ 案例：流水别墅

▲ 案例：中华民国·老街印象

数字·景观·表现

3ds Max
景观动画设计

上官大堰／编著

清华大学出版社
北京

内 容 简 介

本书以目前国际上景观表现行业最为流行的三维图形软件3ds Max为基础，以世界知名建筑景观为例，全面介绍了景观动画技术及相关知识。本书深入浅出、图文并茂、直观生动，采用大量实用的动画案例帮助读者理解技术应用。

全书分为基础篇、现代景观数字表现篇、综合实践篇三个部分，主要内容包括绪论、景观动画制作的工业流程、迪拜帆船酒店、悉尼歌剧院、泰姬陵、流水别墅、奔驰博物馆、当代画廊、香洞别墅、建筑一角、水景别墅、中华民国·老街印象共12章。

本书适合作为高等院校风景园林、环境艺术、动画等专业本科生的专业课教材，同时也可作为培训机构的教材，还可供爱好者自学参考。本书适合于具有一定3ds Max使用经验的读者，对于3ds Max的初学者也有很好参考价值。

图书在版编目(CIP)数据

数字·景观·表现：3ds Max景观动画设计 / 上官大堰编著. — 北京：清华大学出版社，2016
ISBN 978-7-302-45906-4

Ⅰ.①数… Ⅱ.①上… Ⅲ.①三维动画软件—教材 Ⅳ.①TP391.414

中国版本图书馆 CIP 数据核字(2016)第 308054 号

责任编辑：杨如林
封面设计：刘新新
责任校对：徐俊伟
责任印制：杨 艳

出版发行：清华大学出版社
    网　　　址：http://www.tup.com.cn，http://www.wqbook.com
    地　　　址：北京清华大学学研大厦 A 座   邮　　　编：100084
    社 总 机：010-62770175   邮　　　购：010-62786544
    投稿与读者服务：010-62776969，c-service@tup.tsinghua.edu.cn
    质 量 反 馈：010-62772015，zhiliang@tup.tsinghua.edu.cn
印 装 者：北京亿浓世纪彩色印刷有限公司
经　　销：全国新华书店
开　　本：188mm×260mm 印 张：15 插 页：2 字 数：332 千字
版　　次：2016 年 12 月第 1 版 印 次：2016 年 12 月第 1 次印刷
印　　数：1～3000
定　　价：69.00 元

产品编号：070680-01

PREFACE 前言

  亲爱的读者朋友，《数字·景观·表现——3ds Max景观动画设计》是一本集景观动画理论知识、案例实训于一体的专业型教材。该书所涉及的案例部分孵化于北京林业大学艺术学院"数字景观动画设计"的课程作品和笔者工作与教学实践中的经验总结。本书结合本课程的知识梯度，经过技术分析与反复论证最终得以确定下来。

  截止到今天，书中所涉及的大部分内容已经历了多轮真实教学的实践检验，已成为本校数字景观动画设计课程讲授的标准内容。依托本课程，学生们完成了高质量的景观动画作品，在这里把它们毫无保留地奉献出来，不仅源于笔者对教学的热爱，更希望它能起到够抛砖引玉的作用，为热爱动画的莘莘学子提供些许启示。北京林业大学是教育部直属的211大学，其中艺术学院动画专业经过多年的教学积累和实践总结，逐步形成了一套完备的教学理念以及系统的动画、漫画、游戏课程体系和教学体系。以3ds Max为主讲授的"数字景观动画设计"不但是动画专业的特色课程，也是数字媒体艺术、环境艺术、产品设计等专业的重要课程，该课程是构建艺术作品的重要保障。

  本书有以下显著特点：

- 教材体系完善全面，包含基础篇、现代景观数字表现篇、综合实践篇三个部分，能够让读者系统地了解计算机辅助景观动画表现的理论与技术。

- 书中的理论环节涉及到景观表现业界的很多方法、经验和技巧，这些理论的学习有助于读者开阔视野，了解行业。

- 现代景观数字表现篇所选的主要是世界经典建筑，从如梦如幻的帆船酒店到如痴如醉的泰姬陵，每一篇都对经典建筑进行了详述，使读者在学习之余能增强审美能力。

- 授人以鱼不如授人以渔。会用软件仅仅是基础，会做作品才是关键，书中的每个案例所涉及到的内容翔实、知识点系统，读者通过书中案例的学习可以做到举一反三。

- 书中的所有案例均经过了211大学本科课堂的多轮教学检验，案例的难度在设置上遵循了循序渐进、从易到难的教学规则。
- 本书配套了一系列习题，可供学生课后练习。书中的相关素材请登录清华大学出版社网站（http://www.tup.com.cn）搜索本书，按页面提示下载。

本书由上官大堰编著，参与本书编写工作的还有臧娜、马雪婧、魏传明、孟冰颖、刘佳琪、李丽、孙嘉琪、于超颖、杨宇轩、张悦颖、孙宇科，同时感谢美国KWP GROUP 前渲染总监王可龙先生，游戏学院索文老师在书籍撰写中给予的技术支持，以及清华大学出版社杨如林编辑在书籍策划上给予的宝贵意见。此外，书中部分摄影作品源自于因特网及免费图库，向这些无名作者和相关机构致以深深谢意。

希望本书能为读者提供更多的帮助，限于作者本人的知识背景和学识范围，书中难免会有疏漏，欢迎读者朋友批评指正。

上官大堰

北　京

CONTENTS 目录

数字·景观·表现 | 3ds Max 景观动画设计

第三篇　综合实践

数 字 · 景 观 · 表 现

第一篇

基 础 篇

第1章 绪论

授课学时 **2**

教学目的——————
了解景观与景观动画的概念，掌握景观动画的分类与景观表现行业工作规范。

教学内容——————
景观与景观表现、景观表现形式的演进、景观动画、景观表现行业基本概念、知名景观表现公司介绍。

1.1 景观与景观表现

1. 景观溯源

"景观"一词，很多语言都有相对应的词汇。如英文"Landscape"、德文"Landachaft"、法文"Payage"。据可考史料，"景观"一词最早出现在希伯来文的《圣经》中，这时的"景观"具有特指的含义，它被用来描绘所罗门皇城耶路撒冷的瑰丽美景。它暗喻那座城市所蕴含的深刻而又丰富的美，这种美既神圣又惊心动魄。随着时代的发展和历史的变迁，"景观"这一概念的内涵和外延都发生了巨大变化。

现代景观学认为，景观并非我们传统意义上的园林，也不是现代意义上的仅局限于公共绿化的初级概念，它是一个综合的、广泛的概念，是指风景、山水、地形、地貌等地理景观及土地上的物质和空间所构成的自然和人为活动的综合体，它体现了某一特定区域的综合特征。通过文献调研，对名家观点进行梳理，可以发现景观有如下几个方面的含义。

1）从主客观的视角上来讲，景观是作为视觉审美的对象，它是外在于人的景象。

2）从人的体验视角来看，景观作为生活中的栖息地，是体验的空间，人在空间中的定位和对场所的认同，使景观与人、物融为一体。

3）从人的情感视角来看，景观表达了人与自然的关系、人对土地和城市的态度，也反映了人的理想和欲望。

4）从人的历史视角来看，景观作为符号，是人与自然、人与人相互作用与关系在大地上的烙印。

随着计算机科技的飞速发展，应用CG技术进行园林景观表现已成为景观行业目前主流的方法。计算机辅助景观动画产业蓬勃发展，全国涌现了景观动画设计的热潮，如"2010年中国上海世界博览会"的诸多场馆在竣工之前都是通过制作栩栩如生的动画来诠释的。景观动画这一行业的前景与魅力也得到了很多人的青睐。

2.景观表现

景观表现是运用显示技术、3D动画技术结合传统园林、水景、照明等方法，配以文字、影像、声音、灯光以及各种交互行为，构成一个可控的虚拟时空，创造出超越传统、超乎想象的新型景观。就景观表现的形式来讲是多元的，可以是静态的效果图，动态的视频动画，可供人机交互的虚拟景观环境，或者是多种形式的融合。就景观表现的呈现媒介来讲可以是展板、大荧屏、PC、移动设备等。国际上数字景观表现行业已成为一个巨大产业，在欧美等国对于人才吸引都提供了优势平台，随着互联网及可视化技术的发展，数字、景观与动画的交叉融合势必绽放出无与伦比的光彩。

1.2　景观表现的历史沿革

景观表现是随着技术的革新、学科的融合而逐渐形成的。景观表现形式演进图如图1-1所示。景观表现以计算机可视化为分水岭，可分为两个时代，第一个时代以手绘为主，可追溯到艺术家的风景写生、胶片时代的风景摄影摄像，直至通过手绘的方法来表现森林景观设计方法，该时代主要是依赖手工或光学成像的方法来表现景观，周期较长。第二个时代是从20世纪80年代开始，欧美国家将可视化技术逐步应用于现代工程设计、城市规划、环境规划等领域中去，从此开启了通过计算机可视化技术来对景观进行表现的新时代。

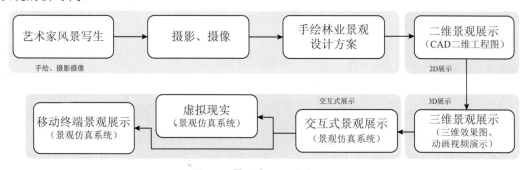

图1-1　景观表现形式演进图

景观表现属于景观可视化学科的研究范畴。景观表现的发展进程也就是景观可视化的发展历程。可视化技术对景观表现的推动可分为3个阶段：二维景观表现、三维景观表现、交互景观表现。其中交互式景观表现又逐渐细分出虚拟现实景观表现和移动终端景观表现两个分支。

1.2.1　二维景观表现

景观表现的研究最早可追溯到20世纪80年代。1979 年美国召开名为 "Our National

Landscape"的国际会议，标志着景观可视化学科的诞生。比较知名的研究机构如哈佛大学设计研究院、墨尔本大学空间信息中心、苏黎世联邦理工学院景观规划研究所等。这一时期的景观可视化处于初级阶段。本书把它称为二维景观表现阶段，它主要聚焦在静态的景观建模、景观制图方面，如图1-2所示。这一时期的景观表现特点是以二维的图形、图像来对景观进行表现。传统的可视化工具包括平面图（Plan）、透视图（Perspective）、剖面图（Section）、蒙太奇照片（Photomontage）和物理模型（Physicalmodel）等。该时期的计算机运算速度为每秒近百万次，表现系统由字符界面转换成为图形界面，能够显示真彩色的图像内容。开发了一些景观可视化的工具，如SVC。在景观表现上也出现了GIS和CAD等工具。

图1-2　二维景观表现图　作者：周珏琳

1.2.2　三维景观表现

20世纪90年代中期至21世纪初期，CAD等系列软件开发和应用推动了景观表现的立体化进程。拥有强大处理速度的计算机将景观表现内容由2D平面图像转换为3D立体空间。景观表现通过3D技术来实现，拥有成像逼真、细节丰富的优点。由于景观模型是通过计算机图形软件渲染形成的，这种表现方式的弱点是仍然不能改变单个视角的限制，难以让观者看到景观各部分内容之间的空间关系。20世纪90年代末，随着计算机技术的发展，动画产业的复兴，通过计算机动画的方法来展现景观能给观者更为直观的感受。景观与动画的融合表现，让景观表现在三维可视化的空间基础上，演变出时间的维度，通过丰富的镜头语言与镜头叙事让用户获悉立体的视听信息。这一时期的景观表现由二维景观表现发展到三维景观模拟，由静态景观表现发展到动态景观表现。2004年，由美国学者斯蒂芬·欧文和霍普·哈斯布鲁克合著的，杜鹏飞、孙傅翻译的，中国建筑工业出版社出版的《景观建模：景观可视化的数字技术》，是对这一时期三维景观可视化的阶段性总结。

1.2.3　交互式景观表现

1. 虚拟现实景观表现

21世纪科学取得迅猛发展，虚拟现实技术正以巨大的冲击力影响着人们的生活。计算机的软件与硬件均得到突飞猛进的发展，这让景观可视化达到了实时演示、人机交互的更高水平。虚拟现实技术的发展与应用为森林景观表现提供了丰富多元的表现方式。结合环形荧屏、立体投影、数字头盔、体感交互等设备的虚拟现实系统让用户对所处的地理环境、森林植被、人工建筑等景观内容的体验更加真实。运用虚拟现实技术，能够使人直观地观察到真实感的景观规划效果、不同样式的种植方式，以及不同视角的时空格局。图1-3表现的是一个用户通过虚拟现实技术进行虚拟游览。

图1-3　交互式景观系统（图片源自www.gdi.com.cn）

迄今为止，虚拟现实被普遍应用于军工、医疗、教育、旅游等领域，多应用于与之相关的建筑或城规领域，如英国利用VR技术复现威斯敏斯特教堂及周边建筑群和地理环境；美国利用VR技术对拉斯维加斯和洛杉矶两座城市进行了改造仿真实验，通过实验结果改进城市规划方案；上海浦东新区和深圳福田中心区利用VR技术，建立了城市模拟虚拟漫游交互式系统；此外，利用VR技术，IBM与故宫博物院联合出品了"虚拟紫禁城"，等等。

景观系统的智能交互设计让观者对于景观设计作品由原来的欣赏与解读阶段，提升到设计与参与阶段；交互式虚拟现实景观表现让用户由原来的被动表现转化为主动参与，由于用户参与使得用户行为的采集成为可能，这能够不断完善系统评价，打造人性化产品。自此，可视化技术也进入多元化发展时期，融合来自林业科学、景观设计、地理信息系统、计算机技术等不同背景的专家，推动着林业可视化的发展。

2. 移动终端景观表现

移动终端（Mobile Terminal）是指能在移动过程中使用、配置了智能操作系统、能够装载应用程序以实现功能的计算机设备。典型的移动终端如平板电脑、智能手机，它们具有开放性的 OS 平台、PDA 功能、无线接入互联网、功能和扩展性强大等特点。根据国家工信部发布的数据显示，中国移动互联网用户每天平均有效媒体接触时间约348分钟。通过PC端上网的用户耗费时长约100分钟，占29%；电视媒体耗费时长约为60分钟，占17%；而通过智能手机和平板电脑上网的时间合计约146分钟，占41.95%，约为PC端与电视媒体的总和。传统行业要拥抱时代，与移动互联网融汇是大势所趋。

移动终端尤其是智能手机和平板电脑的迅猛发展和普及，为当代景观的发展扩展了空间。装载有GPS技术以及移动网络连接的平板计算机和智能手机，使地理信息系统和数字媒体艺术的结合成为了可能。移动终端设备与传统计算机设备相比，体积上小巧便携、易于携带。随着硬件技术的提升，它的运算能力和图形显示能力显著提升，高性能的平板计算机与台式计算机的差距越来越小。移动终端的交互方式更加多元与自然，与台式计算机相比较，移动终端内嵌的罗盘、加速感应器、距离感应器、光线感应器、指纹识别感应器、显示屏、触碰屏、无线技术等为用户提供了更加友好的交互体验。技术革新影响着行业变化，更多的用户将原本传统计算机上的应用转向移动终端。于是，对于一个表现工具而言，能够在移动终端上正常使用，是非常有价值的。

移动终端的景观表现是虚拟现实技术的最新应用方向之一。它的形成基于虚拟现实技术的进步、移动终端设备性能的发展、无线网络的覆盖3个因素。上述条件的成熟是近几年才达成了，总体来讲，面向移动终端景观表现的研究文献较少，但与之交叉的其他领域，如智能移动终端、数字博物馆、数字城市、虚拟旅游的研究成果逐年增多。景观表现4种类型的对比见表1-1，这4种类型是按从左至右的顺序，随着时间的推移，技术的发展而逐渐形成的。通过该表可以看到不同表现类型的特点。

表1-1 景观表现4种类型的对比

类型	二维景观表现	三维景观表现	虚拟现实景观表现	移动终端景观表现
设计工具	Photoshop AutoCAD Painter	Sketch UP 3ds Max Maya	VRP、Quest 3D、Patchwork 3D、EON Reality	Unity 3D Unreal
表现状态	静态	静、动态	动态	动态
表现空间	二维	三维	多维	多维
能否交互	否	否	是	是
表现特点	真实感弱；静态展示；不能交互	真实感强；动态展示；不能交互	真实感强；动态展示；自然交互；重型设备	真实感强；动态展示；自然交互；移动便携
展示装置	展板 电子设备	展板 电子设备	数据手套 数字头盔 球型荧屏等	平板计算机 智能手机 VR眼镜

随着科技的迅猛发展和城市化进程的加速，人们对城市林业、园林文化、森林游憩的需求越来越高，通过移动设备对数字景观的展示与体验已经成为社会发展的一个趋势。应用可视化技术全方位展示景观的特征，描绘出景观格局并对其进行分析，对提升景观的美学价值有重大意义。绿色文化是人与自然协调发展的文化，传播绿色文化势必成为社会可持续发展的枢纽。

1.3　景观动画

　　景观动画是景观表现领域中的一种重要形式。它是景观与动画的交叉学科。景观动画以景观设计的内容为载体传达出某种观念，其目的是借助动画这种视觉传播途径来塑造景观表现的形象，向观者阐述对设计方案的实用性、艺术表现性和文化属性的感受，呈现出文化的内涵表达。

1.4　景观动画常用的软件

　　三维景观动画，即主要针对景观制作的动画。它涵盖了景观的所有制作内容，又以三维为制作的主要方式和方法，带有很强的科技感和视觉效果。常用软件如下：3ds Max、AutoCAD、VRay、Photoshop、VUE、Speedtree、Forest、SketchUP等。

1.5　景观表现图的常规分类

1.5.1　按模拟视角描述

1.人视

　　人视又称为平视，是指按照人的高度，从某一方向观看建筑的整体或部分。这种视角因为与人观察世界的高度相近，会给人一种平易近人的感受，如图1-4所示。

图1-4　《留园·印象》作者：陈凯熹等，指导教师：上官大堰

2. 鸟瞰

鸟瞰又称为俯视，是指超出建筑的高度，从某一方向观看单个建筑或建筑群。这种视角通常会给人一种宏达、磅礴的感受，一般用来交代景观的全貌，如图1-5所示。

图1-5 《云之南》作者：牛丰沛、龙波，指导教师：彭月橙

1.5.2 按光照来描述

按一天24小时的日照情况来进行区分，可以分成日景、黄昏、夜景等。

1. 日景

景观在白天的呈现情况，白天光照充沛，可见度高，具有边缘清晰的阴影和立体感较强的体量感，如图1-6、图1-7所示。

图1-6 《云之南》作者：牛丰沛、龙波，指导教师：上官大堰

2. 黄昏

景观在黄昏时段的呈现情况。由于夕阳西下，此刻的景观一般具有偏暖的色调和狭长的影子，总体呈现出气势恢宏，金碧辉煌的气势，如图1-8所示。

图1-7 《DWTC》作者：王可龙

图1-8 《云之南》作者：牛丰沛、龙波，指导教师：上官大堰

3. 夜景

景观在入夜时段所呈现的状态。此刻的自然光为月光和天光，建筑物内部、外部有人工光作为点缀，天空暗淡、色泽偏冷，景观总体呈现出璀璨缤纷的视觉感受，如图1-9所示。

图1-9 《留园·印象》作者：牛丰沛、龙波，指导教师：上官大堰

1.5.3 按建筑性质描述

1. 公共建筑

公共建筑，简称"公建"。即供人们进行各种公共活动的建筑。如办公建筑（写字楼、政府部门办公楼等）、商业建筑（如商场、金融中心等）、科教文卫建筑（包括科研院所、文化教育、医疗卫生等）、交通建筑（如火车站、飞机场等），如图1-10所示。

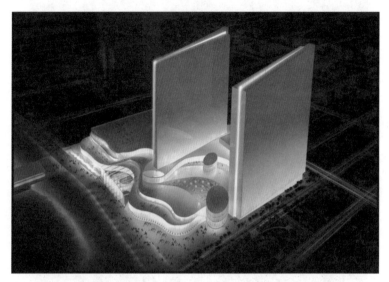

图1-10 《Revel Casino》作者：KWP GROUP，Beijing

2. 住宅

住宅泛指专供人居住的房屋，包括别墅、公寓、职工家属楼和集体宿舍，如图1-11所示。

图1-11 《别墅》作者：KWP GROUP，Beijing

1.5.4　按表现手法描述

1. 写实表现

真实地反映景观在物理世界中的状态。此刻的景观无论在光照上还是在造型上都呈现出照片级的写实效果。写实是景观表现的主流形式，如图1-12所示。

图1-12　《故宫·传承》作者：郭雪蕾，指导教师：上官大堰

2. 写意表现

模拟水墨、版画、钢笔、水粉、水彩等手绘方法，比较抽象地来表现建筑。这种手法往往是为了强化设计师的主观思想和个人感受，如图1-13所示。

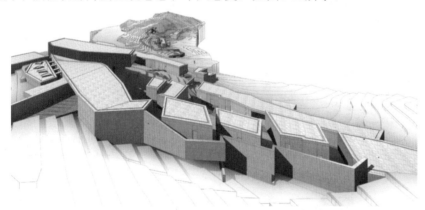

图1-13　《无名》作者：不详

1.5.5　按景观内外空间描述

1. 室内表现

对建筑空间内部的效果进行展示。较之于室外空间，室内空间受人工光影响较大，室内空间造型表现多受到空间功能的影响，室内表现重点在于气氛的渲染和功能的交代，如图1-14所示。

2. 室外表现

对建筑外观效果的展示，较之于室内空间，室外空间受自然光影响较大。室外常规多表现时间，如日景、黄昏、夜景等。从视角上看，鸟瞰与人视并重，如图1-15与图1-16所示。

图1-14　《留园·印象》作者：牛丰沛、龙波，指导教师：上官大堰

图1-15　《HUAWEI》作者：KWP GROUP，Beijing

图1-16　《留园·印象》作者：牛丰沛、龙波，指导教师：上官大堰

1.6 知名景观表现公司介绍

1.6.1 DBOX（美国）

DBOX公司商标如图1-17所示。公司网址为http：//www.dbox.com。

图1-17 DBOX公司

DBOX由3名对艺术充满激情和创造力的建筑师在20世纪90年代中期创立。他们对用计算机来塑造虚拟建筑非常感兴趣。DBOX的事务所设置在伦敦、纽约以及中国台北，如今的DBOX已经成长为一个国家化的高端品牌创意机构，并且与很多国际一流的房地产商和建筑师事务所达成了长期协作的关系。

2002以来，DBOX一直参与美国纽约世贸中心的重建工作，为科学频道重建世贸中心遗址。并与史蒂芬·斯皮尔伯格以及梦工厂工作室联合制作系列纪录片Rising：Rebuilding Ground Zero。在纪录片当中，DBOX主要提供景观的数字化模拟的工作。对于未来CG发展趋势，作为DBOX合伙人之一的Mark Gleghorn认为技术的升级让CG创作变得简单且容易。但总会有比技术更优秀的案例诞生，直到计算机发展到可以像设计师的头脑一样去工作。即便那样，设计师同样可以做自己喜欢的事情，并以此来谋生。

1.6.2 Vyonyx Architecture（英国）

Vyonyx公司商标如图1-18所示，公司网址为http：//www.vyonyx.com。

图1-18 Vyonyx Architecture公司

Vyonyx Architecture（以下简称Vyonyx）为建筑师、设计师和房地产开发商提供最先进有效的创意解决方案。Vyonyx的总部设在英国。法国、克罗地亚设有办事处，但Vyonyx的客户来自世界各地。对于Vyonyx来说，技术仅仅是他们创造力的延伸，Vyonyx的作品可以为客户提供赢得全球市场曝光的宝贵机会。Vyonyx的工作不仅仅是效果图的制作，更是设计师对于景观视觉情感的印象和表达，Vyonyx作品的灵感来自美术、摄影、戏剧和概念设计的启发。

1.6.3　水晶石视觉（中国）

水晶石公司商标如图1-19所示，公司网址为http：//www.crystalcg.com。

图1-19　水晶石公司

水晶石数字科技有限公司（以下简称水晶石公司）是2008年北京奥运会图像设计服务供应商、2010年上海世博会指定多媒体设计服务商、2011年深圳大运会图像设计服务独家供应商、2012年伦敦奥运会数字图像服务供应商。水晶石公司成立于1995年，业务最初定位于景观表现。从2002年开始，水晶石公司在中国香港、新加坡、迪拜、伦敦、东京等地设立分公司和办事处。水晶石公司的核心业务是三维可视化的开发和应用服务，涉及的技术领域涵盖了景观表现、影视特效、3D动画、三维展示等多个行业，在科普教育、城市数字化建设等方面为客户提供了视觉解决方案。水晶石公司的作品多获殊荣。如2010年上海世博会由水晶石公司创作的数字《清明上河图》被誉为镇馆之宝；建筑表现作品《西塘》获得素有国际建筑表现界的奥斯卡之称的2010 Architectural 3D Awards大奖提名。同时，水晶石公司开启了科技助力文化的探索之路，相继参与完成了《故宫》《大国崛起》《玄奘之路》和《新丝绸之路》等CG作品，其中《玄奘之路》作为2014年习近平主席出访印度赠送的国礼。

1.6.4　丝路数字（中国）

丝路数字公司商标如图1-20所示，公司网址为http：//www.silkroadcg.com。

图1-20　丝路数字公司

"丝路数字"是丝路数字视觉股份有限公司的简称，该公司成立于2000年3月。他们将CG技术和艺术相结合，为建筑、设计、展馆、广告、动漫、游戏、影视、文体娱乐活动等行业的客户提供涵盖CG静态、CG动态、CG视觉场景综合业务的数字视觉综合服务。丝路数字相继成立了深圳、上海、北京、南京、青岛、广州、武汉、厦门、成都以及迪拜办事处等国内、外分支机构。丝路数字业务包含了"建筑设计可视化""展览展示""3D动画""CG游戏""数字舞美"等多个领域。丝路数字的愿景是"引领中国数字视觉新体验"。他们主要服务于房地产开发公司、城市规划、设计公司、建筑设计研究院、景观园林设计公司等。丝路数字的作品多次被《CGM数字娱乐技术》《时代漫游·CG World》收录，多项作品入围"中国数码艺术专业委员会奖"。

1.7 小结

本章作为全书的绪论部分，对"景观"和"景观表现"的概念进行了阐述，并从景观表现的历史发展视角对其进行了详细诠释。有利于读者对基础概念的理解和行业发展的梳理，使读者从本源上认清要研究的对象，为后续学习构建坚实的基础。此外，作者对"景观动画""景观动画常用软件"及"景观表现常规分类"进行了陈述，在景观表现常规分类中所引用的案例多源自作者及同事所主持过的真实项目，这些项目中不乏获奖作品。本章最后介绍了几家国内外有代表性的公司，并提供了官方网址，方便读者引申学习。

1.8 习题

思考题

（1）什么是景观，景观的含义是什么？

（2）景观表现的历史沿革分为哪几个阶段？

（3）什么是景观动画，常用的软件有哪些？

（4）景观表现图的常规分类有哪些？

（5）除了上文提到的景观表现公司外，通过调研列举出两个知名的景观表现公司。

第2章 景观动画制作的工业流程

授课学时

2

教 学 目 的————

熟悉景观动画前期策划、中期制作、后期合成的重要环节。

教 学 内 容————

详解了景观动画项目流程的3个阶段：（1）景观动画的前期策划；（2）中期制作
与CG渲染；（3）后期合成与视音频剪辑。

2.1 景观动画项目流程

景观动画制作是一个群策群力的活动，它的制作也必须按照一定的流程才能得以顺
利完成。若不遵循科学的流程和既定的技术，最后所制作出来的产品很难满足客户的需
要。整个动画的规划、设计、制作、渲染、后期与剪辑都需要有经验的设计师严格把关。

如图2-1所示是一个景观动画项目制作的工业流程图，整个流程图中分为3个阶段。

（1）景观动画的前期策划；

（2）中期制作与CG渲染；

（3）后期合成与视音频剪辑。

整个节点组中有3个阶段需要跟用户进行确认：分镜脚本、分镜语言和样片确认。下
面将分别从流程中的前期策划、中期制作、后期合成3个阶段向读者介绍。

2.2 阶段一：前期策划

前期策划包含7个节点，分别为"客户意向""需求分析""资料收集整理""顾问
咨询""解决方案制订""策划脚本""分镜脚本"，如图2-2所示。

2.2.1 客户意向与需求分析

通过与客户的沟通，明确客户的需求，根据客户的意向做出规范化文档，这些内
容包含景观动画的动画时长、渲染尺寸、画面品质、模型工作量、特效难度、音乐要求

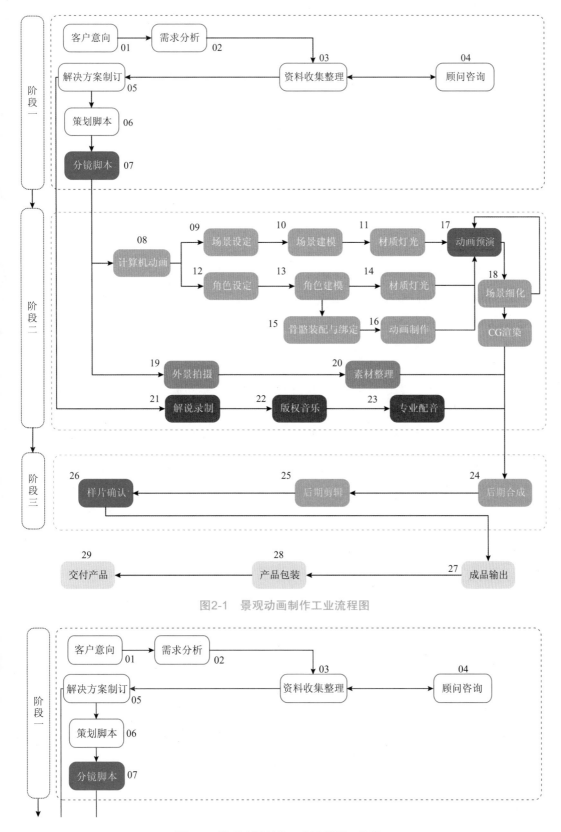

图2-1　景观动画制作工业流程图

图2-2　景观动画制作工业流程图　阶段一

等。同时我们对技术难度也要做出评估，估算能够完成的时间以及需要的人力，考虑选择哪种技术来实现更佳。这些因子考虑得越细致，对于后期的时间统筹与成本预算就越精准。

2.2.2 资料收集整理

针对项目需求进行资料的收集和整理，这些资料的类型包含视频、音频、图形、图像。这些资料的获取主要有以下几种途径。

（1）图书馆图书的电子版扫描；

（2）互联网图片的下载；

（3）实地场景图像的采集；

（4）客户方提供原始的资料信息。

这些资料的收集和整理为整个影片的创意规划提供了借鉴。

2.2.3 顾问咨询

景观动画的类型繁多，对于那些需要忠实历史、真实还原建筑结构的动画项目，当纸质资料难以分辨时，就需要聘请该专业的专家进行咨询，景观动画中比较常见的就是古建筑的结构、古代船只的结构等。对于未来建筑或现代建筑，一般建筑师会提供翔实的建筑图纸，无须聘请第三方专家介入。

2.2.4 解决方案制订

根据项目需求制作可行的解决方案，项目经理开会确定人员分工，设计项目进度表，对于需要外拍的环节要提前安排。对于计算机表现的部分进行统筹规划。同时对旁白与音乐的部分也要同步考虑。

2.2.5 策划脚本

项目经理安排策划人员对影片的文字脚本进行创意设计。

1. 镜号

镜号是指拍摄镜头的顺序编号，一般按照镜头剪辑的先后顺序进行排列，并且用阿拉伯数字进行标记，镜号通常作为单个镜头的代号。

2. 镜头运动

镜头在拍摄时有两种类型，一种是固定镜头，摄像机机位不发生运动，这种镜头拍摄的画面稳定、端庄、写实。另外一种是运动镜头，或者称为镜头运动，是指摄像机和目标点单个或两个都发生了变化而形成的运动的画面内容。运动镜头一般可分为推镜头、拉镜头、摇镜头、移镜头、跟镜头、升降镜头和综合运动镜头等。

3. 景别

景别是指由于摄像机与被摄体的距离不同，而造成被摄体在电影画面中所呈现出范围大小的区别。景别由近至远分别为特写（肩部以上）、近景（胸部以上）、中景（膝部以上）、全景（人体的全部和周围背景）、远景（被摄体所处环境）。景观动画中利用复杂多变的场面调度和镜头调度，交替地使用各种不同的景别，可使动画叙事更具有表现力。

4. 时间

文字脚本中，单个镜头的记录时间以秒为单位。通常景观动画的长度不超过20分钟，短的只有几十秒。

5. 画面

通过文字对当前镜头中预期出现的影像进行描述。描述的语言要客观、具体，切忌用模糊的、主观性较强的文字。

6. 配音

广义的配音是指为影片或多媒体加入声音，这种声音包含背景音乐、音效和旁白。狭义的配音是指配音演员替角色配上声音，或以其他语言代替原片中角色的语言对白。景观动画中的配音主要指广义的配音。

7. 字幕

字幕是指通过文字的形式，呈现在电视、电影、舞台剧等视频内容里的对话等非影像的内容，景观动画中的字幕常常跟对白是同步的。

8. 备注

备注指单个镜头中，需要填写的补充说明。

"当代名苑"写字楼景观宣传动画文字脚本见表2-1。

表2-1　"当代名苑"写字楼景观宣传动画文字脚本

镜号	镜头运动	景别	时间	画面	配音	字幕	备注
1	摇镜头	大远景	1.2s	背景为××市当代广场，隔江拍摄，镜头画面中呈现少许水面	当代，造就美谈	右侧屏幕，竖排；当代，造就美谈	CG
2	俯视，推镜头	中景到特写	1s	××写字楼内，几位西装革履的绅士在签订合同。特写演员的手、脸部	当代，成就生意	右侧屏幕，竖排；当代，成就生意	实拍
3	仰视	远景	1s	对××写字楼的外景进行展示	这里是当代名苑	右侧屏幕，竖排；这里是当代名苑	CG
4	摇镜头	远景	1.5s	对××写字楼配楼的外景进行展示			CG
5	移镜头	远景	1.5s	对××写字楼的下沉花园进行展示			CG

2.2.6　分镜脚本

尽管文件脚本能够快捷、高效地勾勒出影片的叙事梗概，但文字毕竟是一种模糊的艺术，不能形象地表现动画的画面，比如《卜算子·咏梅》写道："待到山花烂漫时，她在丛中笑"，人们能够感受到这首诗的优美境界，但每个人心目中的那个"笑"却各有千秋，这种不确定性实则为未来动画的工程化进展制造了难度。人们需要的是一个具象的环节，这便是分镜脚本。

分镜脚本又称为故事板，英文为Storyboard，设计师通过分镜头可以建立起统一的视觉流程。故事板一般由导演亲自编绘，本义是安排电影拍摄程序的记事板，它在影片的实际拍摄或绘制之前，以图表、图示的方式说明影像的构成，将连续画面分解成一个个镜头，并且标注运镜方式、时间长度、对白等，使复杂的电影拍摄更加形象、准确和简单。分镜脚本通过图画的方式来去表现文字内容，让上文中的文字脚本具体化。

图2-3所示是《留园·印象》的分镜设计。

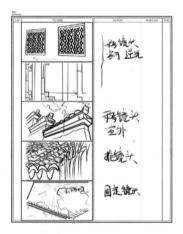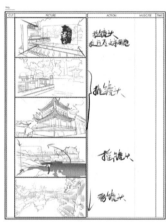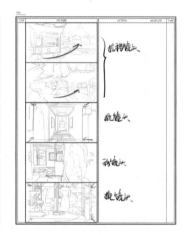

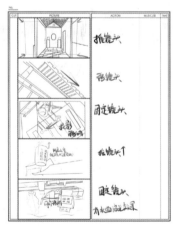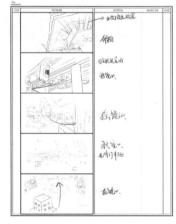

图2-3　《留园·印象》的分镜设计　作者：孙宇珂

2.3 阶段二：中期制作与CG渲染

阶段二属于中期制作环节，包括"计算机动画""外景拍摄""解说录制"三部分内容，见图2-4。

阶段二

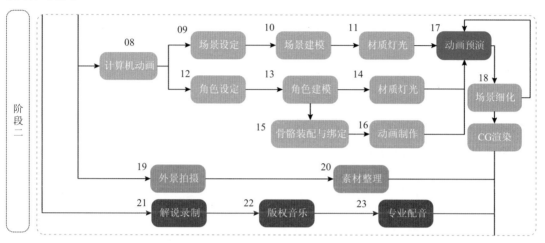

图2-4 景观动画制作工业流程图 阶段二

2.3.1 计算机动画

计算机动画是景观表现的具体形式之一，它是艺术设计与计算机技术的结合体，是近些年来随着数字技术的发展而产生的一门新兴技术。计算机动画软件能够在计算机中首先创建一个虚拟的环境。设计师在这个环境中能够搭建虚拟的三维模型，再根据要求设定模型的运动轨迹及动画参数，最后按要求为模型赋予特定的材质贴图，并配以光照信息。当这一切完成后就可以让计算机自动运算，渲染生成可供用户浏览的动画视频。

1. 场景设计与制作

（1）场景设定。根据动画脚本设计，对场景进行造型设计。景观动画中的场景设计一般源于设计事务所设计师所提供的规划方案。从规划角度讲，场景设计的目的通常是提供一个舒适的环境，提高该区域的商业、文化、生态价值。因而在设计中应抓住其关键因素，提出基本思路。

（2）场景建模。场景建模是一个系统工程，它是在场景设计图确定的前提下，由模型师来进行搭建的。因为场景的样式和风格比较多元，难度上差异性也较大，特别是那些大型景观的场景，特别需要设计师发挥想象来完成。一般场景中的模型多采用多边形建模的方式进行搭建。

（3）材质灯光。建模赋予了景观物体以形体的概念，那么材质和灯光就赋予了景观物体真实感的效果。同样的一个球体赋予皮革、金属、玻璃、石头效果给用户的视觉感受是不同的。而灯光又与材质是息息相关的，它不但能让材质更加真实，还能营造景观的气氛。

2. 角色设计与制作

（1）角色设定。根据动画脚本设计，对角色进行造型设计。角色设定包含角色的三视图设计，颜色的指定、动作的设计、表情的设计。与影视动画角色叙事的复杂性相比，景观动画中的角色一般指的就是人，通常这些角色仅仅是为了景观展示的需要，作为一种符号性而存在。

（2）角色建模。角色建模是在角色设定的基础上，通过计算机程序对其进行模型的搭建。该部分同样属于美术造型的范畴。在作品形象的内涵中，要将角色客观内在的结构的视觉感受根据需要表现出来。对结构的表现不应局限在作品外在刻画中，更多的应是艺术家对其内涵的感受与把握。

（3）材质灯光。在制作完成的模型基础上，对角色赋予材质和光照信息，让角色看上去真实感更强。

（4）骨骼装配与绑定。如何让动画中的角色运动起来，涉及骨骼的装配与模型的绑定。骨骼的装配是指按照角色的外貌形态和体型特征，进行骨骼系统的设置。而绑定是指对骨骼的权重进行合理的分配。只有二者完成后，才能交给动画师，由动画师操控控制器来进行三维动画制作。

（5）动画制作。本书所指的动画制作是指对景观动画中的角色进行动作设计，由动画师来完成。景观动画中的角色一般动作比较有规律，如走路、跑步、休闲、聊天等惯常动作。在制作时主要以手动设定关键帧来完成，涉及舞蹈、武术等表演性质的复杂性动作，一般会通过运动捕捉设备来对动作进行采集。

（6）动画预演。动画预演是动画制作过程中的一道工序，它位于CG成片渲染之前，一般以线框的形式呈现，能够帮助导演迅速了解影片中有可能出现的镜头、节奏、模型等宏观问题。

（7）场景细化。在动画场景中，会根据距离摄像机的远近来对模型进行细化，一般特写与近景的采用精度高的模型，单个模型的精度在5000面以上；中景用中度的模型，单个模型的精度在3000～5000面，远景用低度模型，单个模型的精度在3000面以下。场景最初在建模的时候一般是由建模师根据设计稿进行模型搭建，精度以中、低级别为主。

（8）CG渲染。CG渲染是一种使用数学算法将二维图形或三维图形转化为计算机图像的技术。景观动画的成片是CG渲染与模型、动画、灯光、材质等多个要素相互作用后的结果。一般来讲，景观动画中大场景的渲染往往需要花费大量时间。往往在该阶段，我们会通过渲染农场或计算机集群来进行联机渲染，以节约时间。

图2-5所示是《留园·印象》的部分渲染画面。

图2-5 《留园·印象》的渲染画面（ 源自北京林业大学学生毕业设计 ）

2.3.2 外景拍摄

1. 外景拍摄

外景拍摄是一种外地取景的拍摄方式，它更贴近自然，清新唯美。这种拍摄方式接近人与自然和谐共处的主题，且大方美丽、优雅安详，是景观动画中CG画面的有益补充。

2. 素材整理

对外拍的视频、音频、图像、文字等素材进行归档与整理。

2.3.3 解说录制

1. 解说录制

景观动画会涉及一些解说录制、访谈录制，一般以同期声的形式记录。

2. 版权音乐

景观动画中的声音获取有两种，一种是原创音乐的创作，另一种是现有音效库中音频输出的剪辑。其中后者涉及音乐的版权问题，要确保声音的版权是合法的。

3. 专业配音

专业配音是为影片或多媒体加入声音的过程。狭义上是指配音演员替角色配上声音，或以其他语言代替原片中角色的语言对白。如通过景观动画表现非物质文化遗产中的戏曲、唱腔等环节，同期声不能满足影片音质的需要，就需要通过专业的配音让景观动画中的角色熠熠生辉。

2.4 阶段三：后期合成与视音频剪辑

阶段三包含6个节点，分别为"后期合成""后期剪辑""样片确认""成品输出""产品包装""交付产品"，见图2-6。

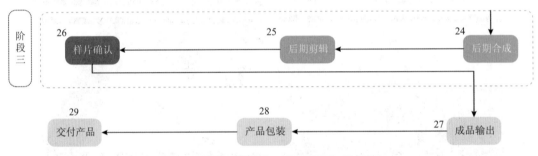

图2-6 景观动画制作工业流程图 阶段三

1. 后期合成

后期合成是在前期完成素材的基础上进行艺术化再加工的过程。通常人们在前期拍摄后，根据剧本把现实无法拍摄的东西用软件制作出来，然后将虚拟作品与现实拍摄结果相结合。景观动画中的后期合成是指在实拍和CG生产画面的基础上进行校色、检控、跟踪、特效等数字处理过程。

2. 后期剪辑

剪辑是将影片制作中所拍摄的大量素材，经过选择、取舍、分解与组接，最终完成一个连贯流畅、含义明确、主题鲜明并有艺术感染力的作品。剪辑既是影片制作工艺过程中一项必不可少的工作，也是影片艺术创作过程中所进行的最后一次再创作。景观动画中的剪辑涉及不同镜头的组接和视音频的合成。

3. 样片确认

样片是剪辑后的初稿，这一稿与最终成品在画面质量上趋于一致，差别一般在于输出的画面尺寸。通常我们把初稿（样片）以标清的尺寸（720×576）输出。

4. 成品输出

成品是提交的最终产品，是景观动画的终极版本。这个版本无论从画质上还是从格式上都是标准的，一般输出的画面尺寸是高清尺寸（1920×1080）。

5. 产品包装

为景观动画制作DVD封面包装、景观动画宣传折页的设计与印刷。

6. 交付产品

以VCD、DVD刻录光盘的形式对作品进行提交。

2.5　小结

本章讲的是景观动画的工业流程，它是上一章绪论部分的理论延伸，从行业的角度对景观动画产品本身的塑造工艺进行了讲解。景观动画由设计到制作，再到最后的渲染输出要经历严谨的作业流程。科学严谨的作业流程既是产品本身质量的有效保障，也能使企业提高管理与运营的效率，降低项目执行成本。景观动画的工业流程无论从产品的角度来讲，还是从行业的角度来讲都是至关重要的。

2.6　习题

1. 思考题

（1）景观动画制作的工业流程是什么？

（2）景观动画中需要与客户确认的3个节点是什么？

（3）解释文字分镜、分镜脚本的概念和用途。

2. 设计实践题

以四大名园之一的"留园"为题，构思一个2分钟的文字脚本，并绘制分镜脚本（故事板），不少于20个镜头画面。

数字 · 景观 · 表现

第二篇

现代景观数字表现

第3章 迪拜帆船酒店

授课学时 2
实验学时 4

教学目的

熟练掌握3ds Max中的日景渲染技术；熟练掌握渲染模块的参数设置。

教学内容

本章以迪拜帆船酒店为表现对象，通过3ds Max对日景景观的灯光、材质、摄像机等要素进行阐述，最终渲染一段完整的动画，本章重在理解和掌握日景模拟光照的技巧。

3.1 案例简介

本案例讲述迪拜帆船酒店的日景。迪拜帆船酒店又被称为阿拉伯塔酒店、阿拉伯之星，在阿拉伯联合国的迪拜市，也是世界上第一家七星级的酒店，如图3-1所示。

图3-1 迪拜帆船酒店

迪拜帆船酒店的设计师是汤姆·赖特。汤姆·赖特于1957年9月18日出生在英国伦敦的郊区，1983年成为英国皇家建筑师学会的会员，就读于皇家罗素中学和金斯顿大学建筑学院。在设计迪拜帆船酒店的项目之前，他们主要设计学校和办公室的项目，其团队的平均年龄为32岁。莱特认为建筑要成为地标必须依赖简单而独特的形状。判断一个地标人们只需要用几笔就能描述出它的特征。酒店的外观就像是一只迎着风的帆，楼层有321米高，共56层，曾经是全世界最高的酒店。

酒店内部由华人周娟设计。周娟出生于中国广东，成长于马来西亚，求学于英国，并在中国香港成立了香港Khuan Chew Arch.联合国建筑事务所。在阿拉伯塔酒店的内部设计中，她巧妙地引入了水、火、土、风这沙漠中的四大元素，历时近10个月，动用了40位顶尖室内设计师，设计图纸超过800张，并与67家家具公司和28家灯光设计公司通力合作，最终完成了美轮美奂的室内效果。迪拜帆船酒店设计独特，装饰奢华，服务到位，令人折服。莱特和周娟向人们展示了一个奢华绝伦的酒店面貌，其设计与创意超乎想象。

3.2　日景特征分析与写实表现

阳光是自然界中的一种光源，因为有了太阳光，所以世界才变得缤纷多彩。那阳光是如何产生的呢？阳光是由太阳发生核聚变反应产生的，在这个过程中产生巨大的热量使它周围的粒子转变状态与电磁波形成了太阳光。不同时间和天气情况的阳光会使物体颜色发生变化，阳光是影响日景的重要因素。除了阳光，还有天光和灯光，灯光不属于自然光源，它是由人工制造的，颜色和亮度也异彩纷呈，主要起装饰和照明等多重作用。

若要在景观动画中呈现出真实可信的日景效果，就要学会观察现实生活中阳光照射到物体表面的效果，然后借助三维动画软件的各种灯光类型来表现出来。一般来讲日景特征包含以下几方面。

（1）日景下，画面饱和度较高，玻璃材质和水面材质的反射较强。

（2）建筑物受光的一面比较亮，为暖色调，背光的一面比较暗，为冷色调，冷暖对比比较明显。

（3）阳光的光线是平行光线，阴影不会发生形变。

（4）日景下建筑物的明暗对比也会比较明显，建筑物除了受太阳光和天空的漫反射环境光之外，周围的物体漫反射的光线对建筑物光线的影响也较大。

3.3　制作步骤

3.3.1　创建摄像机

❶ 打开场景文件。

❷ 单击"视口配置"，选择"布局"一项，将视口布局调整成如图3-2所示样式，可在camera视口进行观察，在右侧的视口中进行调整。

❸ 选择其中一个视口，按T键将所选视口变为顶视图。在右侧的命令面板中单击"摄像机"按钮，并选择"目标摄像机"，在顶视图中进行拖曳，创建一个目标摄像

机，如图3-3所示。

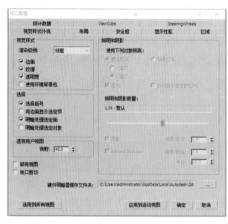

图3-2　视口布局

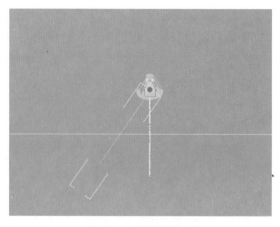

图3-3　创建目标摄像机

④ 按F键将视口调整为前视图。在前视图中调整摄像机及目标点位置。在右侧的命令面板中，单击"修改"按钮，将备用镜头切换为28mm小广角镜头，如图3-4所示。按下快捷键C，将一侧视口切换为摄像机视图，进行进一步的机位调整。

⑤ 在时间滑块面板中，将时间轴滑块移至第200帧，单击"自动关键点"按钮，调整机位，如图3-5所示。

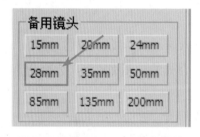

图3-4　切换为28mm小广角镜头

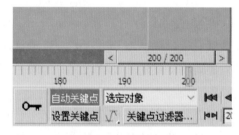

图3-5　调整机位

⑥ 右击摄像机，选择"对象属性"，在弹出的面板中勾选"轨迹"选项，摄像机的运动轨迹就显现出来了，便于观察与调整其运动轨迹，如图3-6所示。

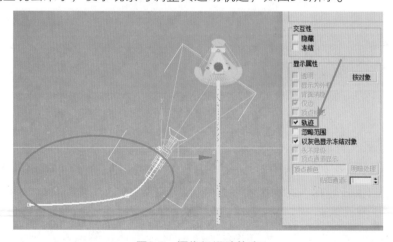

图3-6　摄像机运动轨迹

❼ 把时间滑块移动到第60帧，打开记录关键帧，拖动鼠标调整机位，使其呈现一个曲线形的运动轨迹，如图3-7所示。

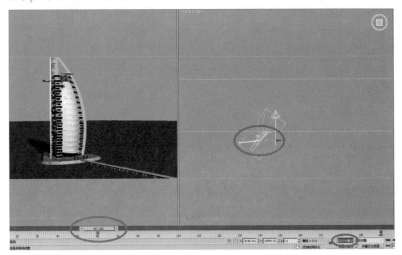

图3-7 曲线运动轨迹

3.3.2 创建天空球

❶ 单击其中一个视口，按下快捷键Alt+W将所选视口最大化显示，再按T键将其变为顶视图。在顶视图中创建一个球体，调整其大小和分段数，如图3-8所示。

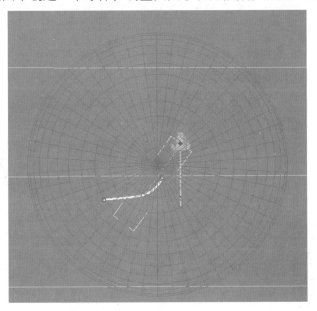

图3-8 创建球体

❷ 单击右键，在出现的菜单中选择"转化为可编辑多边形"，将球体转化为可编辑多边形。按F键将视口变为前视口，框选选择球体的下半部分，按Delete键删除下半部分的多边形，如图3-9所示。

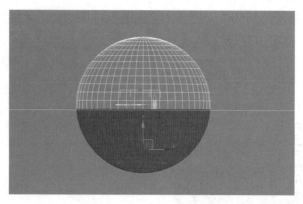

图3-9　删除下半部分的多边形

❸ 按下快捷键1，切换至点层级。选择方框中的点，按下快捷键R，对其进行拉伸，如图3-10所示。

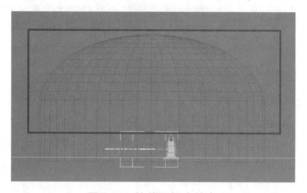

图3-10　拉伸红框中的点

❹ 选择半球，单击右键，选择"对象属性"，进入对象属性面板，勾选"接收阴影""投影阴影"两项，如图3-11所示。

❺ 按M键打开"材质编辑器"，选择一个空白材质球，将其名称改为sky，将所选材质球赋予半球模型。调整"自发光"的"颜色"值为100，如图3-12所示。

图3-11　勾选"接收阴影"及"投影阴影"

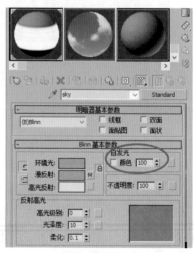

图3-12　参数设定

⑥ 在命令面板中，选择"修改器"一项，单击选择"法线"，打开"参数"卷展栏，勾选"翻转法线"翻转半球的法线，使贴图正常显示，如图3-13所示。

⑦ 单击"修改器"一栏，选择UVW贴图。然后在修改参数中单击"参数"卷展栏，选择"柱形"，调整贴图位置，如图3-14所示。

图3-13 法线设置

图3-14 选择"柱形"

3.3.3 创建环境光

❶ 首先创建一个目标聚光灯。在命令面板中选择"创建"一栏，单击"灯"按钮，在视口中拖动调整灯的位置，按下快捷键Shift+4进入灯光视图，调整衰减区，如图3-15所示。

图3-15 调整衰减区

❷ 调整目标聚光灯参数。将"倍增"强度改为0.1，"颜色"改为淡蓝色，"近距衰减"为0.0～40.0，"远距衰减"为80.0～200.0，"对象阴影"的"颜色"为黑色，"密度"为0.9，如图3-16所示。

❸ 选择设置好的目标聚光灯，按下快捷键E，单击拾取目标点，使其为变换坐标中心。对该聚光灯进行阵列设置。"对象类

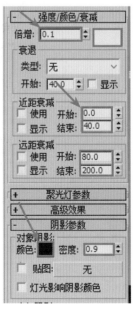

图3-16 聚光灯参数设置

33

型"为实例，"数量"为8，设置"阵列变换"中Z轴的"旋转"角度为360.0度。调整阵列参数，如图3-17所示。

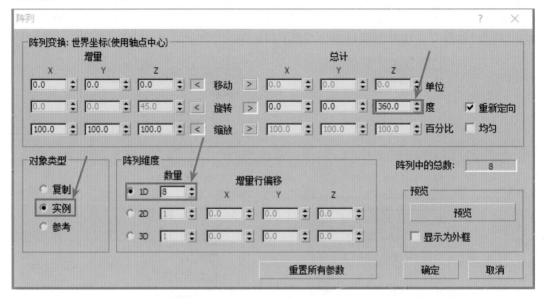

图3-17　阵列参数设置

❹ 按F键将视口转换为前视图，单击圈选所有灯光，按下快捷键W，按住Shift键向上以复制方式复制出一组灯光。将复制的灯光进行调整，"倍增"设为0.08，颜色比上一组稍微深一点，其他参数不用修改，如图3-18所示。

❺ 单击鼠标左键圈选第2组灯光，按下快捷键W，按住Shift键向上以复制方式复制出第3组灯光，使其照亮海面。将"倍增"强度改为0.07，颜色比第2组深，其他参数不用修改，如图3-19所示。

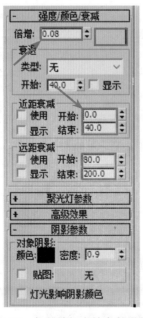
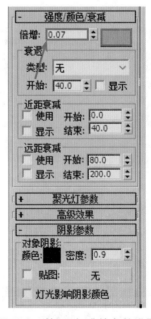

图3-18　复制的灯光的参数设置　　　图3-19　第3组灯光的参数设置

⑥ 旋转并调整阵列灯光的位置，如图3-20所示。

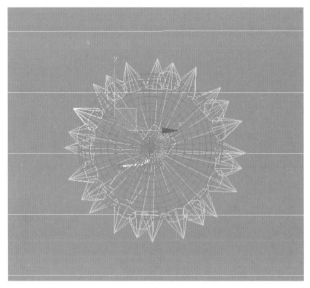

图3-20　效果示意

3.3.4　创建主光

❶ 下面创建主光灯。在命令面板的"创建"一栏中，选择"灯光"按钮，选择"标准"→"目标平行光"，创建一盏目标平行光，调整灯光的位置。按下快捷键Shift + 4进入灯光视图，调整衰减区，如图3-21所示。

❷ 调整目标平行光的参数，将"倍增"改为1.2，"颜色"设为暖色，如图3-22所示。

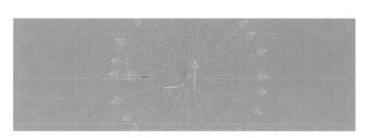

图3-21　进入灯光视图

图3-22　调整目标平行光参数

3.3.5　创建补光

❶ 按下快捷键B，进入底视图，在底视图中创建一盏补光灯。在命令面板中单击"创建"按钮，选择"灯光"选项，单击"目标平行光"，在底视图中按住鼠标左键进行拖曳。然后在修改面板中调整其参数设置，调整其衰减范围各项参数，勾选"启用阴影"，如图3-23所示。

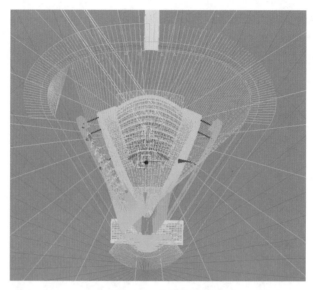

图3-23　效果示意

❷ 按下快捷键L，在左视图中创建一盏自由平行光，为桥的侧面打一盏补光灯。对其进行挤压，调整衰减区及各项参数，如图3-24所示。

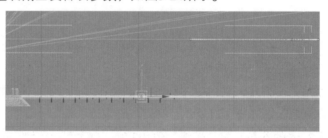

图3-24　调整衰减区

3.3.6　创建海面材质

❶ 为海面赋予一个材质。按M键打开"材质编辑器"，选择一个空白材质球。单击"贴图"卷展栏，在贴图卷展栏中勾选"反射通道"，设置"反射值"为50，单击后面的空白按钮，在弹出的"材质/贴图浏览器"窗口中选择"光线跟踪贴图"，为其添加一个光线跟踪贴图，贴图界面如图3-25所示。

图3-25　光线跟踪贴图参数

❷ 单击"回到父级对象"按钮，在"贴图"卷展栏中勾选"凹凸"选项，将值设为40。单击后面的空白按钮，在弹出的"材质/贴图浏览器"窗口中选择"噪波"，为其添加一个噪波贴图，参数如图3-26所示，设置"噪波类型"为"规则"，"大小"为120.0，在"颜色#1"中内嵌一个噪波贴图。

❸ 打开"Blinn基本参数"卷展栏，调整"环境光"和"漫反射"的颜色，并将"高

光级别"和"光泽度"分别设为46和43，如图3-27所示。

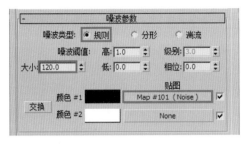

图3-26　噪波参数

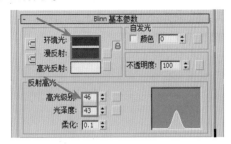

图3-27　Blinn基本参数

3.3.7　渲染

按F10键打开渲染设置界面，在渲染设置中调整输出大小为1280×582。勾选"0"到"200"，设置保存路径等，如图3-28所示。

图3-28　渲染设置

3.3.8　渲染效果

❶ 按F9键进行渲染，渲染效果如图3-29所示。

图3-29　渲染效果

❷ 为了测试动画效果，这里进行了隔帧渲染，分别在0、80、160、200帧进行了渲染测试，效果如图3-30~图3-33所示。

图3-30　Burj Al Arab（迪拜帆船酒店）0帧

图3-31　Burj Al Arab（迪拜帆船酒店）80帧

图3-32　Burj Al Arab（迪拜帆船酒店）160帧

图3-33　Burj Al Arab（迪拜帆船酒店）200帧

3.4　小结

本章的重点是日景的表现。以迪拜帆船酒店为例讲解了摄像机的设置、天空的构建、灯光的设置、灯光阵列的使用方法和海面材质的指定。在摄像机的设置中镜头的选择比较重要，本例中采用的是28mm的小广角镜头。在创建天空时，需要先创建一个球体，然后将其转变为可编辑多边形，并删除球体的下半部分，在天空的材质指定过程中，要将法线翻转，这样天空材质才会在球体内进行显示，天空受太阳的照射，在白天是明亮的，所以设置其"自发光"为100。创建灯光时，需要设置环境光、主光、补光三种。环境光为天空反射的光线，颜色为蓝色，设置时用到灯光阵列，并复制两组灯光。主光为倍增强度最大的光，是主要的照射光源，使用目标平行光作为主光，由于主光模仿的是太阳光，所以颜色设为暖色。补光是地面反射到建筑物上的光源，颜色为暖色，倍增强度最弱。最后是海面材质的指定，由于海面会反射太阳的光线，所以需要给反射设置一个光线跟踪贴图。由于风的吹动，海水会有波纹，所以需要给海面进行凹凸设置，添加一个噪波贴图，噪波类型选择"规则"。海面为蓝色，所以设置环境光和漫反射的颜色都为蓝色，并设置高光级别和光泽度。最后渲染时要设置渲染输出的图片大小和保存路径。

3.5 习题

选择题

（1）主光模拟的是（　　）。

A. 太阳光　　　　　B. 灯光　　　　　　C. 海面反射的光　　D. 地面反射的光

（2）环境光的颜色应设为（　　）。

A. 黄色　　　　　　B. 白色　　　　　　C.蓝色　　　　　　D. 都可以

（3）补光模拟的是（　　）。

A. 太阳光　　　　　B. 灯光　　　　　　C. 海面反射的光　　D. 地面反射的光

（4）创建天空时，将材质赋予天空模型后，还应在修改面板中勾选（　　）。

A. 翻转法线　　　　B. 统一法线　　　　C. 都勾选　　　　　D. 都不勾选

（5）阵列灯光时，使用的对象类型为（　　）。

A. 实例　　　　　　B. 复制　　　　　　C. 参考　　　　　　D. 都可以

（6）主光使用的灯光类型为（　　）。

A. 目标平行光　　　B. 自由平行光　　　C. 点光源　　　　　D.目标聚光灯

（7）环境光设置时使用的灯光类型为（　　）。

A. 目标平行光　　　B. 自由平行光　　　C. 点光源　　　　　D.目标聚光灯

（8）在海面材质指定时，需要给海面添加一个反射贴图，贴图类型为（　　）。

A. 位图　　　　　　　　　　　　　B. 光线跟踪贴图

C. 噪波　　　　　　　　　　　　　D. 棋盘格

（9）海面材质中，漫反射和环境光的颜色应设为（　　）。

A. 黄色　　　　　　B. 蓝色　　　　　　C. 白色　　　　　　D. 不需要设置

（10）设置摄像机时，镜头的大小是（　　）。

A. 28mm　　　　　　B. 50mm　　　　　　C. 35mm　　　　　　D. 135mm

3.6 答案

（1）A（2）C（3）D（4）A（5）A（6）A（7）D（8）B（9）B（10）A

第4章 悉尼歌剧院

授课学时 2

实验学时 4

教学目的

熟练掌握3ds Max中的夜景渲染技术，熟练掌握渲染模块的参数设置。

教学内容

以澳大利亚著名地标性建筑悉尼歌剧院为主体，对夜景景观的灯光、材质、摄像机等进行设置练习，渲染一段完整的展示性的短片，重在理解和掌握夜景模拟光照的技巧。

4.1 案例简介

悉尼歌剧院坐落于澳大利亚悉尼市的悉尼港便利朗角，是澳大利亚具有标志性的建筑，也是闻名世界的艺术表演中心，如图4-1所示。

图4-1 悉尼歌剧院

悉尼歌剧院由丹麦设计师约恩·乌松设计，于1973年落成，2007年被联合国教科文组织列入世界文化遗产行列。约恩·乌松晚年时曾说，悉尼歌剧院的创意来源于剥去一半皮的橙子。这一创意的来源也被做成模型放于悉尼歌剧院的门前，使人们能够得知这一伟大的建筑的来源。悉尼歌剧院从外形上看，由三组巨大的壳片组成，南北共长186米，东西宽97米。第一组壳片由四对壳片组成，位于西侧，三对向北，一对向南，其内部是音乐大厅；第二组壳片与第一组平行，位于东侧，形状与第一组相同；第三组壳片由两组壳片组成，位于西南方，壳片里面是餐厅。悉尼歌剧院位于悉尼港湾，一面近于陆地三面环水，环境比较开阔。远远看去就像是三个三角形立于岸边，屋顶由白色贝壳形状的物体构成，有"翘首遐观的恬静修女"的美誉。悉尼歌剧院的内部大致分为歌剧厅、音乐厅和贝尼朗餐厅三个部分。三部分并排建在巨大的花岗岩石基座上，由4块贝壳依次排列组成，最后一个贝壳背向海面矗立。壳顶的外表用白格子的釉瓷组成，在阳光的照射下，远远看去像是贝壳又像是白色的帆船航行在蓝色的大海上，所以悉尼歌剧院又有"船帆屋顶剧院"之称。悉尼歌剧院是悉尼艺术文化的殿堂和灵魂。每天都有来自世界各地的游客来这里参观，悉尼歌剧院的清晨、黄昏和夜晚都有不同的迷人景象，是世界上首屈一指的音乐与戏剧演出场所，已被视为世界上的经典建筑。

4.2 夜景特征分析与写实表现

由于本案例所讲述的是夜间悉尼歌剧院的景象，所以首先分析一下夜景的特征和写实的表现。日景中白天的阳光比较强烈，在被阳光照到的每个部分都可以从体量、阴影、材质的划分等一些细微的变化对其进行分析。而在夜间，没有阳光的照射，这些部分变得非常模糊，不易看清。人们对夜间的光线变化十分敏感，所以灯光的制作十分重要。

4.2.1 影调搭配

夜景光线复杂昏暗，没有明确的明暗对比，所以需要对建筑本身有一个宏观把握。我们把要表现的内容按景别分为前景、中景、后景三种。按表现内容的影调明暗又分为亮调、中调、暗调三个层级。对于夜景，我们常规的搭配方式是：前景（暗调）、中景（亮调）、背景（中调），具体如下。

- 前景（暗调）。对前景的明暗对比进行弱化处理；
- 中景（亮调）。中景是画面要表现的建筑主体，是画面的中心区域，需要赋予强烈的明暗对比，色彩多样丰富；
- 背景（中调）。背景是中调，对中景起到衬托和修饰的作用。

4.2.2 材质设定注意事项

- 夜景的主光比较昏暗，主调偏蓝，有强烈的素描效果。
- 室内灯光为补光，根据建筑类型设定灯光颜色。居住类的建筑多用暖光，办公类的建筑多用冷光。
- 在指定玻璃材质时，若玻璃不够明亮，可提高玻璃材质的自发光属性。
- 辅光可以在室外添加。

4.2.3 渲染设定注意事项

- 打光时要注意画面整体的素描关系，不能太亮或者太灰。太亮或太灰的画面都没有层次感。
- 画面的中心不应超过2个，避免分散视觉中心。
- 建筑物的外表墙面不宜过暗，过暗会影响材质的显示效果。

4.2.4 后期处理

最后要进行后期处理，这时应注意以下几点。

- 整体环境的色彩搭配，要做到景观环境的统一。
- 后期适当地加强建筑、环境景观的明暗对比。
- 天空占整体构图的较大比例，它起到景观的补充效果，不能把天空看成是建筑后面的空白部分。
- 注意天空和整体的颜色搭配，要利用到对比，建筑昏暗时天空要明亮，建筑明亮时天空要昏暗。云的形状和颜色不要对建筑的轮廓有影响。

4.3 制作步骤

4.3.1 创建目标摄像机

首先打开文件中的场景文件，在右侧的命令面板中单击"创建"按钮，选择"摄像机"，并单击"目标摄像机"，然后在绘图区按住鼠标左键拖曳，建立目标摄像机，并调整方向、角度和数值。摄像机的位置如图4-2所示。

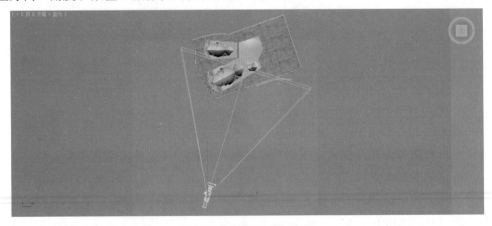

图4-2　摄像机位置示意图

4.3.2　添加背景板

在歌剧院后方添加一个平面，分段数为1。赋予平面材质，添加背景贴图，设置"自发光"为100。添加"UVW贴图"修改器，调整贴图的位置、大小。调整平面大小、位置，使在摄像机视图中查看时，不会露出边缘。

4.3.3　添加中景、远景板

❶ 在命令面板中，选择"创建"按钮，在绘图区创建两个平面，分别在歌剧院两侧，如图4-3所示。一个平面作为远景，另一个作为中景，从顶视图看，两个平面的位置一前一后，如图4-4所示。

图4-3　创建两个平面

图4-4　顶视图看两个平面

❷ 将材质转换为混合材质并赋予两个平面模型。混合材质由材质1、材质2和遮罩层三个节点构成。以左侧平面模型为例，材质1使用贴图如图4-5，并且将"不透明度"设为50。材质2则完全透明，遮罩层贴图见图4-6。

图4-5　材质1贴图

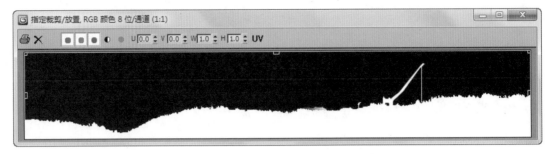

图4-6　材质2遮罩层贴图

4.3.4　设置海面材质

❶ 按M键打开"材质编辑器"，选择一个空白材质球，单击Standard按钮，在弹出的对话框中选择VRayMtl模式。在VRayMtl中将"漫反射"颜色设为蓝色，"烟雾颜色"设为淡蓝色，"影响通道"为"颜色+alpha"，具体设置如图4-7所示。

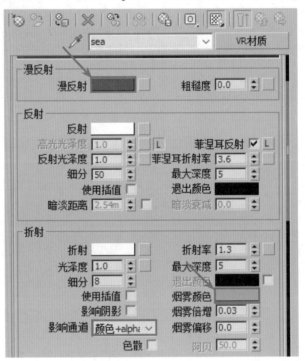

图4-7　参数设置

❷ 设置"半透明"的"类型"为"软（水）模型"，"背面颜色"为蓝色，如图4-8所示。

❸ 打开"贴图"卷展栏，将"凹凸"值改为5.0，单击后面的空白按钮，在弹出的"材质/贴图浏览器"窗口中选择"噪波"，如图4-9所示。

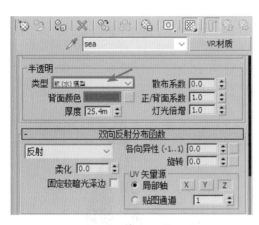

图4-8 "半透明"设置　　　　　　图4-9 "贴图"卷展栏设置

4.3.5 帆船材质的指定

❶ 按M键打开"材质编辑器"，选择一个空白材质球，单击Standard按钮，在弹出的页面中选择"混合"模式，如图4-10所示。

图4-10 选择"混合"模式

❷ 单击"材质1"后的空白按钮，在弹出的"材质/贴图浏览器"窗口中选择"位图"，在弹出的对话框中选择图片，如图4-11所示。

❸ 单击"遮罩"后的空白按钮，在弹出的"材质/贴图浏览器"窗口中选择如图4-12所示的文件。

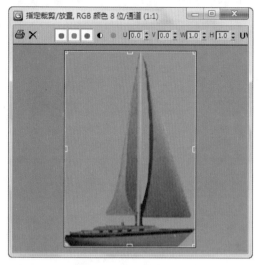

图4-11　选择图片

图4-12　选择文件

4.3.6　设置VRay渲染器

❶ 按F10键打开"渲染设置"对话框，在"V-Ray::环境"中开启天光及反射/折射，将"全局照明环境（天光）覆盖"的颜色设为淡蓝色，"倍增器"为1.0，"反射/折射环境覆盖"的颜色设为黑色，"倍增器"为0.4。单击后面的空白按钮，在弹出的对话框中选择"位图"，加入背景板上天空的位图，如图4-13所示。

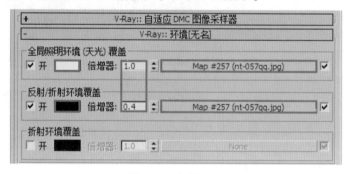

图4-13　参数设置

❷ 单击"V-Ray::间接照明（GI）"卷展栏，开启间接照明，将"二次反弹"的"全局光引擎"选择为"灯光缓存"。打开"V-Ray::发光图"卷展栏，将"发光图"的"当前预置"选择为"低"，如图4-14所示。

图4-14 选项示意

4.3.7 添加灯光

❶ 场馆主光。在歌剧院贝壳状屋顶内添加5个泛光灯，如图4-15所示。

❷ 开启阴影。打开"常规参数"卷展栏，在"阴影"区勾选"启用"，选用VRay阴影。打开"强度/颜色/衰减"卷展栏，将"倍增"设为1.4，颜色设为暖黄色，如图4-16所示。其中4个实例参数相同，1个"倍增"较小，设为1.0。

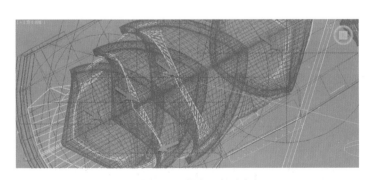

图4-15 添加5个泛光灯   图4-16 常规参数设置

❸ 给场景添加2个目标聚光灯，开启"远距衰减"，如图4-17所示。

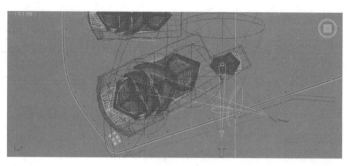

图4-17　效果示意

❹ 开启"灯光阴影"，选用VRayShadow类型，将"倍增"分别设为1.2和0.8，颜色为暖黄色，如图4-18所示。

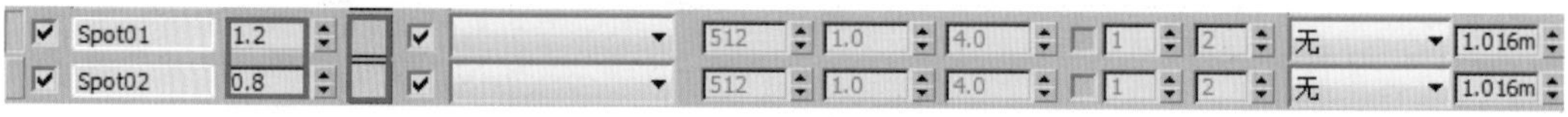

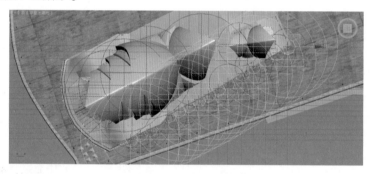

图4-18　"灯光阴影"参数设置

4.3.8　添加装饰灯

❶ 在歌剧院侧面添加自由聚光灯，方向向上，贴在墙上。开启"远距衰减"，复制一排实例，如图4-19所示。

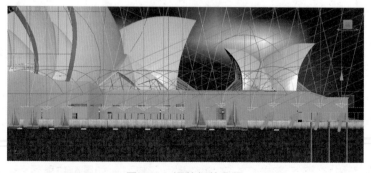

图4-19　复制一排实例

❷ 根据墙上的灯槽调整每个灯的位置，最后4个灯为另一组，参数不同，如图4-20所示。

图4-20　调整灯的位置

两组灯光的参数如图4-21所示。

图4-21　两组灯光的参数

❸ 添加两组VRay光源，间隔排列，方向向上，靠近海面排列，如图4-22所示。

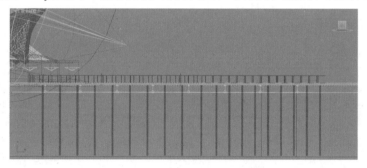

图4-22　添加两组VR光源

❹ 两组灯光的参数如图4-23所示。"颜色"分别为紫色和橘色，"倍增器"值分别设为6.0、10.0。

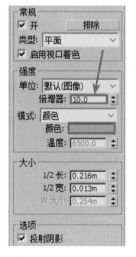

图4-23　两组灯光的参数

❺ 沿着通道创建两个VRay光源，如图4-24所示。光源"倍增"设为10.0，"颜色"为橘色。

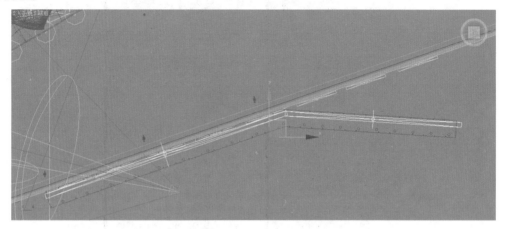

图4-24　创建两个VRay光源

❻ 给中景背景板添加补光。添加3个泛光灯，开启"远距衰减"。再添加一个自由平行光，对准背景板下部，压缩*Y*方向衰减区域，让灯光照亮下部分，如图4-25所示。

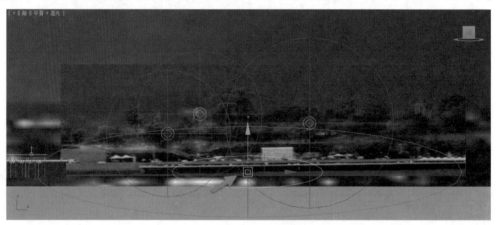

图4-25　中景背景板添加补光

❼ 泛光灯"倍增"分别设为1.3、1.0，平行光"倍增"设为1.5，如图4-26所示。

图4-26　参数设置

4.3.9　中景背景板调整

在摄像机视图中背景板露出边缘，图片被截断，可以向右复制一块拼在一起，并把第二块稍微向后移动，防止重叠部分颜色太深，如图4-27所示。

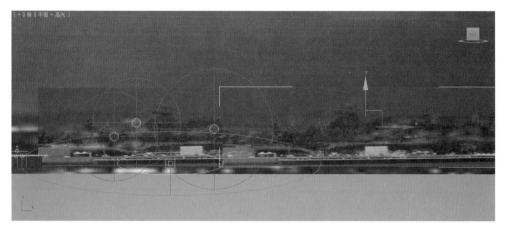

图4-27 中景背景板调整

4.3.10 房顶的材质

❶ 按M键打开"材质编辑器",选择一个空白材质球,将其赋予房顶模型,房顶的材质选择VRayMtl模式,将"反射光泽度"设为0.55,"细分"设为8,"折射率"设为1.6,"烟雾颜色"为白色,具体设置如图4-28所示。

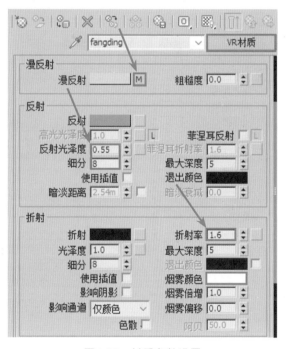

图4-28 材质参数设置

❷ 在"漫反射"贴图中选择"VR边纹理"贴图,设置线框的像素大小和颜色,如图4-29所示,"厚度"选择"像素",设为0.2。房顶材质会根据模型线框出现纹路。

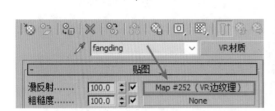

图4-29　漫反射贴图设置

4.3.11　餐厅玻璃的材质

打开"贴图"卷展栏，单击"漫反射颜色"后的空白按钮，在弹出的对话框中选择"位图"，然后在对话框中选择"餐饮.jpg"文件并打开，对"漫反射颜色"后的贴图进行复制，分别粘贴给"自发光"和"反射"后的空白按钮，制造出打灯光的效果，如图4-30所示。

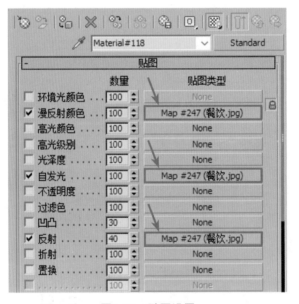

图4-30　贴图设置

4.3.12　渲染器设置

❶ 按F10键打开渲染器，打开"V-Ray::图像采样器（反锯齿）"卷展栏，将"图像采样器"的"类型"选择为"自适应细分"，开启"抗锯齿过滤器"，如图4-31所示。将"发光贴图"的当前预置选择为"中"。

图4-31　图像采样器设置

❷ 发现天光照明太亮，使歌剧院屋顶太白。在材质编辑器中，改变贴图的颜色。在"输出"卷展栏下勾选"启用颜色贴图"，并选择"单色"，将图片颜色调暗，如图4-32所示。

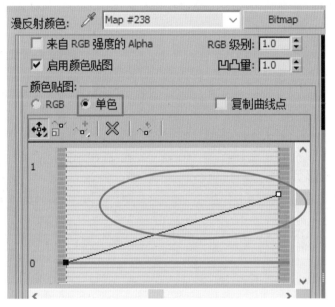

图4-32　颜色贴图设置

❸ 之后再将材质编辑器中的贴图拖曳进渲染设置中，如图4-33所示。改变前后的效果，分别如图4-34和图4-35所示。

图4-33　将贴图拖曳进渲染设置中

图4-34　改变前的效果

图4-35　改变后的效果

最后进行渲染，渲染效果如图4-36所示。

图4-36　渲染效果

4.4　小结

本章主要讲解了悉尼歌剧院夜景景观的表现方法。文中对悉尼歌剧院的设计背景和建筑结构进行了概要性的介绍，这一介绍有利于读者对后续建筑表现的实践。在具体制作过程中，本例首先创建一个目标摄像机，把景观构图确定下来，然后添加背景板。设置海面材质时，材质类型选择VRayMtl，将"漫反射颜色"设为蓝色，"烟雾颜色"设为淡蓝色，"半透明类型"设为水模型，最后设置凹凸贴图。在渲染器的设置中，天光设为淡蓝色，倍增较高，反射较暗。同时，为了获取更加柔和的灯光效果，开启了间接照明的模式。最后给场景添加灯光，主光使用5盏泛光灯，颜色为暖黄色。最后为建筑指定VR材质。通过渲染测试，最终我们获取了一个比较满意的夜景画面，希望读者能够举一反三，触类旁通。

4.5　习题

选择题

（1）设置海面材质时，使用的材质类型是（　　　）。

A．Standard　　　　　B．混合材质　　　　　　C．VRayMtl　　　　　　D．都可以

（2）海面材质的漫反射颜色为（　　　）。

A．蓝色　　　　　　　B．白色　　　　　　　　C．黄色　　　　　　　　D．灰色

（3）海面材质的凹凸贴图应设为（　　　）。

A．位图　　　　　　　B．噪波　　　　　　　　C．棋盘格　　　　　　　D．遮罩

（4）主光使用的灯光类型为（　　　）。

A．目标聚光灯　　　　B．目标平行光　　　　　C．自由平行光　　　　　D．泛光灯

（5）主光的颜色设置为（　　　）。

A．暖黄色　　　　　　B．蓝色　　　　　　　　C．白色　　　　　　　　D．淡蓝色

（6）灯光阴影的颜色设置为（　　　）。

A．暖黄色　　　　　　B．蓝色　　　　　　　　C．白色　　　　　　　　D．淡蓝色

（7）装饰灯使用的灯光类型为（　　　）。

A．目标聚光灯　　　　B．目标平行光　　　　　C．自由聚光灯　　　　　D．泛光灯

（8）本案例中补光使用的灯光类型为（　　　）。

A．目标聚光灯　　　　B．目标平行光　　　　　C．自由聚光灯　　　　　D．泛光灯

（9）房顶材质使用的材质类型为（　　　）。

A．Standard　　　　　B．混合材质　　　　　　C．VRayMtl　　　　　　D．都可以

（10）给玻璃指定材质时，需要对以下哪个进行贴图指定（   ）。

A. 漫反射颜色　　　B. 凹凸　　　　　　　　C. 自发光　　　　　　　D. 以上三个

4.6　答案

（1）C（2）A（3）B（4）D（5）A（6）A（7）C（8）D（9）C（10）D

第5章 泰姬陵

授课学时 **2**

实验学时 **4**

教学目的

熟练掌握3ds Max中的黄昏景观的渲染技术。

教学内容

以闻名世界的泰姬陵作为主体，对黄昏景观的灯光、材质等进行讲解与分析，通过数字化的技术烘托出泰姬陵在黄昏时分的安谧与神秘。本案例重在理解和掌握黄昏景观渲染表现的技巧。

5.1 案例简介

泰姬陵全名为泰姬陵·玛哈尔陵（Taj Mahal），是莫卧儿王朝最伟大的陵墓之一，也是印度文化与其他传统相融合的表现，属于世界级的文化遗产，是世界"新七大奇迹"之一，如图5-1所示。

图5-1　泰姬陵

泰姬陵坐落于印度北部亚穆纳河转弯处的花园，建于公元1631年。整体呈长方形，长为580米，宽为305米，共占地17万平方米。泰姬陵墙壁上有古兰经和雕刻精美的图案，其中花瓣和枝叶用不同颜色的宝石镶嵌，十分绚丽。陵墓的周围是一道红墙，四角各有一个高40米的尖塔，里面的阶梯有50层，穆斯林用来登高。红石甬道连接陵墓与大门，两边是人行道，人行道中间有一个"十"字形的喷水池，陵墓平面图如图5-2所示。

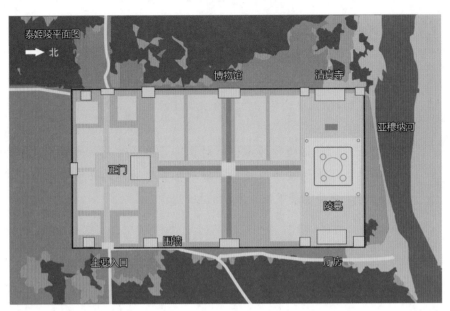

注：（图片源：http://www.worldgreatestsites.com）

图5-2　泰姬陵平面图

伟大诗人泰戈尔曾将泰姬陵比喻为"一颗爱的泪珠"，形象生动地表现了陵墓的美。泰姬陵是一位痴情的君王为他的爱妻建造的巨大陵墓，美丽的不仅是陵墓本身，还有陵墓背后那个感人的故事。泰姬陵又有"最美的建筑"之称，它的殿堂、钟楼、尖塔和水池都用白色大理石、翡翠和玛瑙镶嵌而成，美轮美奂，让人惊叹。它既有印度建筑风格，又有伊斯兰风格，无论是艺术价值还是文化价值都很高。

5.2　黄昏特征分析与写实表现

本例主要表现黄昏时段的泰姬陵的景象。黄昏是指太阳下山以后天还没有完全变黑的这段时间。

想要模拟相对满意的黄昏效果，首先需要观察黄昏时段的色调特征，黄昏在不同的时段、不同的地方也会展现出不同效果。

- 黄昏的天空比较璀璨，云彩辉煌，整体画面呈现出金碧辉煌的效果。黄昏景观的色彩丰富，冷暖对比强烈，建筑物、植被、水等材质极富变化性。这种景观通常给人博大、壮丽、恢宏之感。
- 黄昏可表现出冷艳的感觉，画面中的环境色调偏冷，而建筑物受太阳光的影响色调偏暖，两者冷暖对比来突出建筑主体，体现了一种孤寂的感觉，偏冷的环境与清晨更为相似。
- 建筑物的受光面积变小，大部分处于阴影之中，轮廓更加分明，表达出一种冷峻的气氛。打光时也可以使建筑物与环境相融合，使画面整体更加统一，这种打光的方式冷暖色调对比不强烈，且暖色调成分比较多，使人感觉温馨。

5.3　制作步骤

5.3.1　创建目标摄像机

❶ 在命令面板中，选择"摄像机"按钮，单击"目标摄像机"，在顶视图中单击并拖动鼠标设置摄像机，然后调整它的方向、角度和数值。摄像机的位置在顶视图中如图5-3所示，在左视图中如图5-4所示。

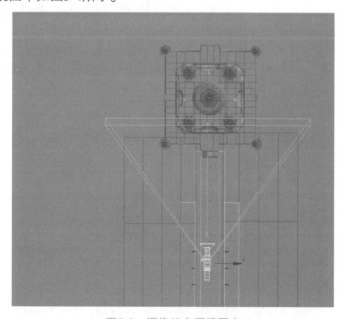

图5-3　摄像机在顶视图中

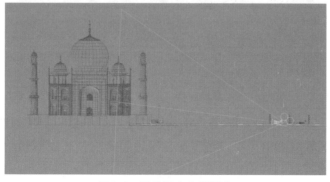

图5-4　摄像机在左视图中

❷ 按快捷键C切换到摄像机视角，可以看到画面有些变形，透视发生了问题。所以给当前摄像机校正，选择"修改器"→"摄像机"→"摄像机校正"，可使修改器自动校正，如图5-5所示。

❸ 校正前和校正后的摄像机视图如下。如图5-6所示为校正前的摄像机视图，如图5-7所示为校正后的摄像机视图。

图5-5　校正摄像机

图5-6　校正前的摄像机视图

图5-7　校正后的摄像机视图

5.3.2　制作天空球

❶ 按T键将视口变为顶视图，在命令面板中选择"创建"→多边形→"球体"，然后在顶视图中以场景中心为原点按住鼠标左键进行拖曳，如图5-8所示。然后在修改器中给球体添加法线反转。按M键打开材质编辑器，添加一个天空贴图，"自发光"设为100。

❷ 本次实验中天空球只起反射灯光的作用，而对摄像机不可见。选中球体，右击选择"对象属性"，在对象属性中的"渲染控制"部分，取消勾选"对摄像机可见""接收阴影""投影阴影"等选项，如图5-9所示。

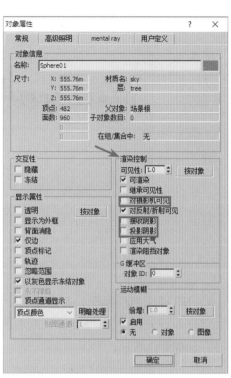

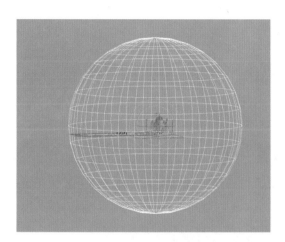

图5-8　以场景中心为原点拖曳

图5-9　"渲染控制"设置

5.3.3　创建背景板

❶ 按F键切换到前视图，在命令面板中选择"创建"→"多边形"→"平面"，在泰姬陵后方添加一个平面，分段数为1，如图5-10所示。

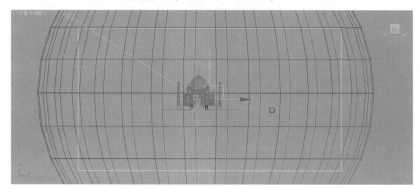

图5-10　调整灯光照明视角与光照范围

❷ 赋予平面材质，添加背景贴图，将"自发光"设为100。添加"UVW贴图"修改器，调整贴图的位置、大小。使在摄像机视图中查看时，贴图中的树丛处于地平线位

置，并且空隙被建筑遮住，如图5-11所示。

图5-11 添加背景贴图

5.3.4 添加灯光

❶ 按T键回到顶视图，在命令面板中选择"创建"→"灯光"→"目标平行光"，添加目标平行光，位于"8点钟"左右的位置，与摄像机角度大概为45°，并扩大灯光的区域，如图5-12所示。

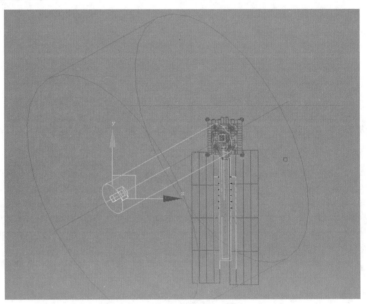

图5-12 扩大灯光照射区域

❷ 在"阴影"区域勾选"启用"，并选择VRayShadow类型。在"强度/颜色/衰减"卷展栏中将"倍增"设为1.0，如图5-13所示。

❸ 添加一个VR光源，勾选"阴影"，将"类型"选择为"穹顶"，"倍增器"设为1.5，"颜色"为暖色，如图5-14所示。

图5-13　参数设置　　　　图5-14　添加VR光源

5.3.5　设置材质

❶ 水的材质设定。按M键打开材质编辑器，选择一个空白材质球。将"自发光"设为15，"不透明度"设为80，"高光级别"设为36，"光泽度"设为34，"环境光"和"漫反射"颜色都为黑色，"高光反射"为白色，如图5-15所示。

图5-15　水材质设定

❷ 打开"贴图"卷展栏，给"凹凸"添加一个噪波贴图，并将凹凸值设为3，给"反射"添加一个VR贴图，如图5-16所示。

图5-16　贴图添加

③ 在"凹凸"设置中添加噪波贴图的效果如图5-17所示。

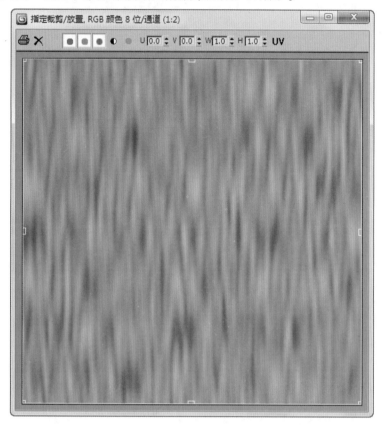

图5-17　效果

④ 将"反射"设置为"VR贴图"。在"反射参数"中将"过滤色"的颜色适当调整，单击空白按钮选择"衰退"，如图5-18所示。

⑤ 在水池两旁添加6个平面，放在适当位置。打开"贴图"卷展栏，勾选"漫反射颜色"和"不透明度"，将"漫反射颜色"设为95，并赋予贴图，如图5-19所示。

图5-18　反射参数设置

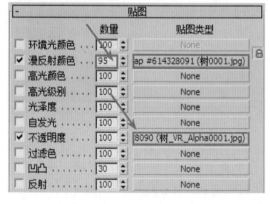

图5-19　贴图设置

⑥ "漫反射颜色"与"不透明度"的贴图如图5-20所示。图5-20（a）需要根据图5-20（b）在Photoshop中进行制作。

（a）原图

（b）效果图

图5-20　贴图示意

❼ 为了让画面中出现的树木不一样，需要给6个平面各自添加不同的材质贴图，如图5-21所示。

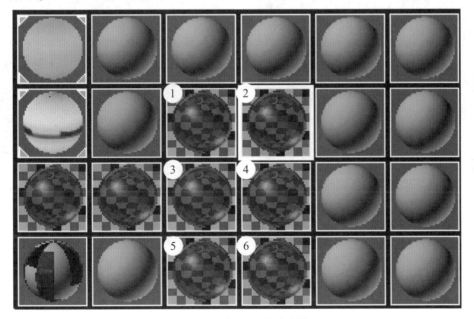

图5-21　添加不同材质贴图

❽ 改变贴图的颜色可以在"输出"卷展栏下勾选"启用颜色贴图"，并选择RGB，即可调整图片颜色，如图5-22所示。

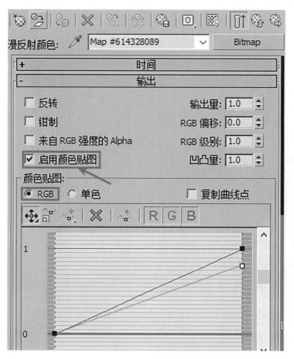

图5-22　改变贴图颜色

颜色修改前图片如图5-23（a）所示，修改后如图5-23（b）所示。

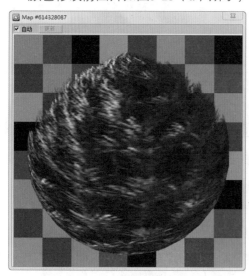

（a）颜色修改前

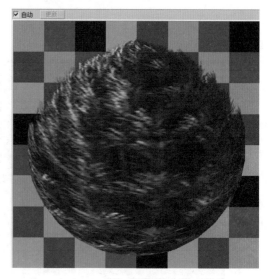

（b）颜色修改后

图5-22　颜色修改

5.3.6　渲染器设置

❶ 按F10键打开渲染设置，单击"V-Ray::图像采样器（抗锯齿）"卷展栏。在"抗锯齿过滤器"下勾选"开启"，并选择Catmull-Rom，如图5-24所示。

图5-24 图像采样器设置

❷ 打开 "V-Ray间接照明（全局照明）" 卷展栏，关闭间接照明，如图5-25所示。

图5-25 关闭间接照明

❸ 按F9键进行渲染，渲染效果如图5-26和图5-27所示。

图5-26 渲染效果a

图5-26　渲染效果b

5.4　小结

　　本案例以泰姬陵为对象，讲解了黄昏时分景观的模拟技巧。通过本例，我们学习了黄昏时段灯光的布置方法，对标准灯光有了进一步的了解，不断微调参数对作品的成败至关重要。在进行景观表现之前，首先要先进行景物的构图和光的设定。然后设置摄像机，调整好角度和镜头大小。设定灯光时，首先设置了主光灯，勾选阴影并使用VRay Shadow类型，"倍增"强度设为1，然后设置了辅光。材质指定步骤中，水面的材质需要设置自发光、不透明度、高光级别和光泽度。环境光和漫反射"颜色"均为黑色，赋予了"凹凸""反射"贴图，凹凸贴图使用噪波，反射使用VRay贴图，在VRay贴图中需要修改过滤色。作为景观中的树木，使用平面加贴图的方式进行表现。在渲染器设置中，不勾选"间接照明"，开启"抗锯齿过滤器"进行成品图渲染。

5.5　习题

选择题

（1）切换到摄像机视角的快捷键是（　　　　）。

A. C　　　　　　　　　B. F　　　　　　　　　C. F9　　　　　　　　　D. T

（2）本案例中，天空模型的对象属性中不需要勾选的是（　　　）。

A. 对摄像机可见　　　　　　　　　　　B. 接收阴影

C. 投影阴影　　　　　　　　　　　　　D. 以上三个

（3）背景板的自发光值应设为（　　　）。

A. 100　　　　　　　B. 80　　　　　　　C. 30　　　　　　　D. 65

（4）添加灯光时，应使用（　　　）作为主光。

A. 目标聚光灯　　　B. 目标平行光　　　C. 泛光灯　　　　　D. 自由平行光

（5）设置水材质时，环境光和漫反射的颜色为（　　　）。

A. 黑色　　　　　　B. 白色　　　　　　C. 灰色　　　　　　D. 蓝色

（6）水面材质的设定中，应该给凹凸添加一个（　　　）贴图。

A. 位图　　　　　　B. 噪波　　　　　　C. 棋盘格　　　　　D. 遮罩

（7）水面材质设定中，应该给反射添加一个（　　　）贴图。

A. 位图　　　　　　B. 噪波　　　　　　C. VRay贴图　　　　D. 遮罩

（8）要想在材质编辑器中改变贴图颜色，应在"输出"卷展栏中勾选（　　　）。

A. 反转　　　　　　　　　　　　　　　B. 钳制

C. 来自RGB强度的alpha　　　　　　　　D. 启用颜色贴图

（9）本案例中，主光与水平线的夹角大约为（　　　）。

A. 45°　　　　　　　B. 90°　　　　　　C. 20°　　　　　　D. 180°

（10）本案例制作树木模型时，应创建一个（　　　）。

A. 平面　　　　　　B. 长方体　　　　　C. 球体　　　　　　D. 圆柱体

5.6　答案

（1）C（2）D（3）A（4）B（5）A（6）B（7）C（8）D（9）A（10）A

第6章　流水别墅

授课学时 **2**

实验学时 **4**

教学目的

熟练掌握3ds Max中的水墨材质的设置及线性渲染器的应用，了解数字水墨的画面营造方式。

教学内容

本案例是以闻名世界的流水别墅作为表现对象，通过数字水墨模拟的技术来模拟经典建筑。

6.1　案例简介

流水别墅的作者是弗兰克·劳埃德·赖特，该别墅是现代最杰出的建筑之一。别墅以前的主人是德国的移民，名为考夫曼，所以又称之为考夫曼住宅，现在是当地有名的旅游景点，如图6-1所示。

图6-1　流水别墅

流水别墅是正反两种相对力量均衡而成的建筑。别墅分为三层，总面积为380平方米，二层是主入口层，其他房间向左右铺展开来。两层巨大的平台高低错落，一层向左右延伸，二层向前挑出，片状石墙交错插在平台之间。溪水从平台下流出。在流水别墅中，别墅与溪水、山石、树木自然地相结合。站在溪对面看，别墅像是在空中张开的巨大的翅膀，从小溪下游看，别墅像是悬在瀑布上方，将流动的水和建筑融为一体，整个建筑群与四周的山脉峡谷相连。别墅的支柱都采用粗犷的岩石，地坪用的岩石看起来很沉重，但是站在人工石面阳台上时，对内部空间会有更深一层的体会，楼梯连接着建筑与自然，室内与室外。流水别墅的空间陈设与家具设计、布置都独具匠心。卡夫曼的家人对其进行了无限的关切，他们用名家绘画、艺术品和最好的绘画来点缀空间，并定期进行别墅的维护工作。本案例主要学习水墨景观的制作，将流水别墅渲染成水墨效果。水墨景观的制作，主要是为材质添加衰减贴图，调整曲线参数，并修改自发光值。

6.2 水墨画特征

水墨画是中国画的代表，它是指由水和墨为颜料，经过调配水和墨的浓度所画出的画。它不同于西方的油画，水墨画有着自己明显的特征。依南朝谢赫的古画品录评论：水墨画讲究"气韵生动"，不拘泥于物体外表的相似，而多强调抒发作者的主观情趣。如图6-2所示是齐白石先生在九十岁高龄绘制的螃蟹。整个画面用笔雄浑健拔，用墨滋润淋漓，随意而成，极为简括大气。

图6-2 齐白石先生国画作品

通过与西方绘画的对比我们发现，水墨画在形式上有几个明显的特征。

- 水墨画讲求"以形写神"，追求一种"妙在似与不似之间"的感觉。
- 水墨画的基础是白描，初学者练习白描要花很长时间。不同于西画，水墨画不是通过光影而是通过线的勾勒来进行形体的塑造。
- 水墨画讲究笔墨神韵，墨分五色。当墨溶于宣纸会形成有趣的质感和肌理，画家用这种巧然天成的效果来表达万物的质感。
- 水墨画不讲究焦点透视，不在意环境光对物体表面材质变化的影响。
- 水墨画讲究空白的布置和物体的"气势"，具备一种装饰美感。

可以说西画是"再现"的艺术，水墨画是"表现"的艺术。水墨画要表现"气韵""境界",实际上是东方文化思想的系统集成表现。通过上述的几点,我们通过计算机来实现景观水墨风格的模拟。

6.3　制作步骤

6.3.1　树木材质的设置

❶ 为了使制作过程中的效果显得更加清晰,这里选用其中的一棵树进行讲解。单击选择一个树木模型,右键单击,选择"鼓励当前选择",进入孤立模式。按M键打开材质编辑器,如图6-3(a)所示。选中一个空白材质球,打开"Blinn基本参数"卷展栏,将"自发光"值改为100,将物体的立体感去掉,使之呈现二维平面效果,如图6-3(b)所示。

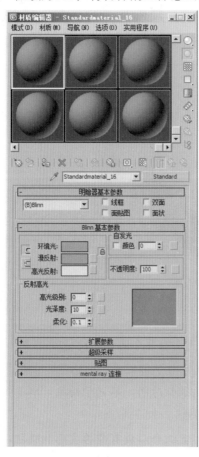

（a）材质编辑器

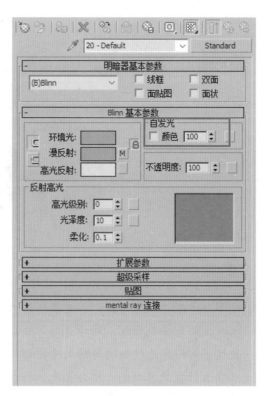

（b）呈现二维平面效果

图6-3　树木材质设置

❷ 为材质球添加一个衰减贴图。打开"Blinn基本参数"卷展栏,单击"漫反射"后的空白按钮,如图6-4(a)所示,在弹出的"材质/贴图浏览器"窗口中选择"衰减",

如图6-4（b）所示。

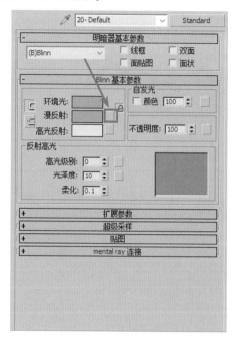

（a）单击"漫反射"后的空白按钮

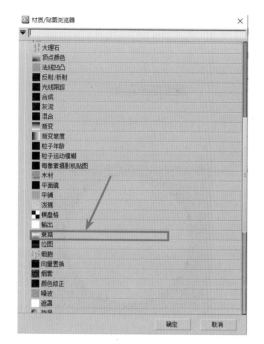

（b）选择"衰减"

图6-4　添加衰减贴图

❸ 下面调整衰减贴图的参数。 "衰减"界面如图6-5（a）所示，打开"衰减参数"卷展栏，将"前：侧"的颜色进行互换，改为白色与黑色，使球的边缘为黑色，中间为白色，呈现二维平面效果，如图6-5（b）所示。

（a）"衰减"界面

（b）"前：侧"颜色互换

图6-5　调整衰减贴图参数

❹ 修改曲线参数。打开"混合曲线"卷展栏，为衰减曲线添加两个点，并将曲线调整成如图6-6（a）所示样式。使材质球的边缘为黑色，里面为白色，调整好后的材质球如图6-6（b）所示。将材质赋予所选择的树木，按F9键进行渲染，渲染效果如图6-6（c）所示。

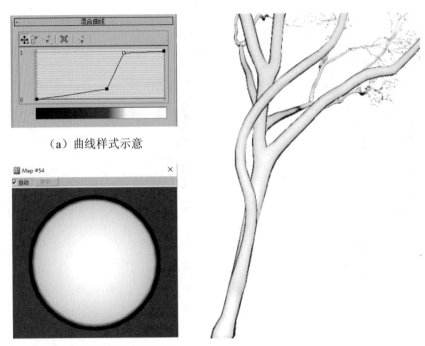

（a）曲线样式示意

（b）材质球示意　　　　　　　（c）渲染效果

图6-6　修改曲线参数

❺ 为衰减参数中的白色块添加一个衰减贴图。单击白色块后的None按钮，如图6-7（a）所示。在弹出的"材质/贴图浏览器"窗口中选择"衰减"，并单击"确定"按钮，如图6-7（b）所示。

（a）单击白色块后的None按钮

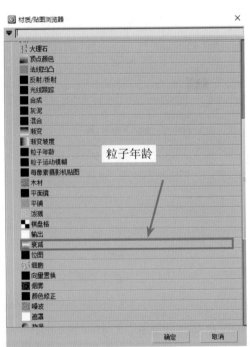

（b）选择"衰减"

图6-7　添加衰减贴图

⑥ 进入衰减贴图界面，调整曲线参数。打开"混合曲线"卷展栏，单击"添加点"按钮，为曲线添加一个点，并将衰减曲线调节成如图6-8（a）所示样式，材质球效果如图6-8（b）所示。

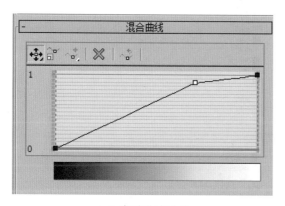

（a）衰减曲线效果

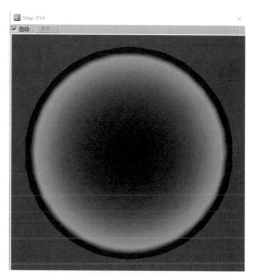

（b）材质球效果

图6-8　调整曲线参数

⑦ 按F9键进行渲染，渲染效果如图6-9所示。

图6-9　渲染效果

⑧ 下面加遮罩贴图。回到父级界面，在黑色块后面加一张遮罩贴图，使树的水墨变化效果更加丰富自然。单击黑色块后的None按钮，如图6-10（a）所示。在弹出的"材质/贴图浏览器"窗口中选择"遮罩"，并单击"确定"按钮，如图6-10（b）所示。

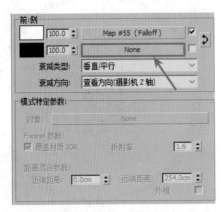

（a）单击黑色块后的None按钮

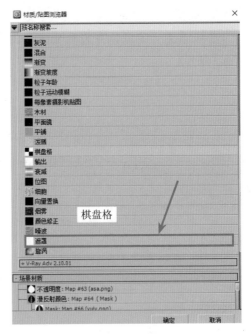

（b）选择"遮罩"

图6-10　添加遮罩贴图

❾ 打开"遮罩参数"卷展栏，单击"遮罩"后的None按钮，如图6-11（a）所示。在弹出的"材质/贴图浏览器"窗口中选择"位图"，如图6-11（b）所示，为遮罩添加一个位图贴图。在弹出的对话框中选择"6章\map\k1.png"图片文件，单击"确定"按钮，如图6-10（c）所示。遮罩图片如图6-10（d）所示。

（a）单击"遮罩"后的None按钮

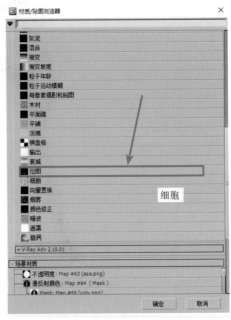

（b）选择"位图"

图6-11　参数设置

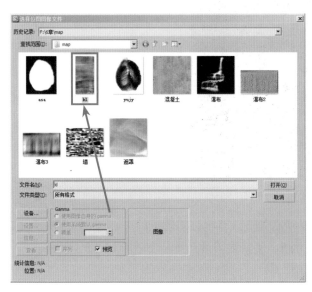

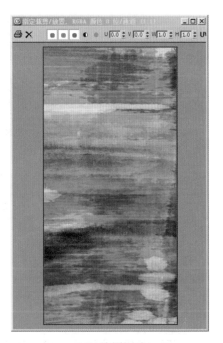

（c）选择"k1.png"图片文件　　　　　　　（d）遮罩图片

续图6-11

⑩ 加入遮罩图片之后，水墨效果更加丰富自然，按F9键进行渲染，渲染效果如图6-12所示。

⑪ 选中所有的树木模型，给其赋予材质，渲染效果如图6-13所示。

图6-12　渲染效果　　　　　　　　图6-13　渲染效果

6.3.2　添加石头材质

❶ 选中一组石头模型，右键单击，选择"孤立当前选择"，将所选的石头模型孤立出来，如图6-14所示。

图6-14　孤立出石头模型

　　按M键打开"材质编辑器"，选择一个空白材质球，如图6-15（a）所示。将"自发光"值改为100，并将"不透明度"改为85，使其显得通透些，如图6-15（b）所示。

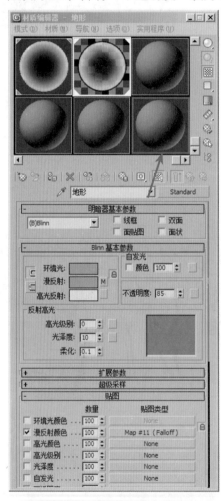

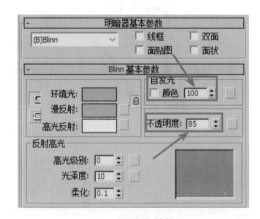

（a）选择空白材质球　　　　　　　　　（b）设置参数值

图6-15　材质编辑器修改

❷ 单击"漫反射"后的空白按钮，如图6-16（a）所示，在弹出的"材质/贴图浏览器"窗口中选择"衰减"，并单击"确定"按钮，如图6-16（b）所示。

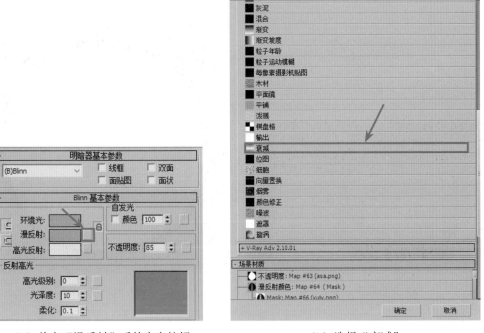

（a）单击"漫反射"后的空白按钮　　　　　　　（b）选择"衰减"

图6-16　衰减设置

❸ 进入衰减界面，使石头的周围有一个线形的勾边：打开"衰减参数"窗口，将"前：侧"的两种颜色进行互换，上面的颜色是石头里边的颜色，下面的是石头边的颜色，如图6-17所示。

图6-17　"衰减参数"设置

❹ 打开"曲线参数"卷展栏，在曲线中添加点，并调整点的位置，在点上右键单击可以选择点的类型，此处选择"Bezier-平滑"，使石头的轮廓线粗重一些，如图6-18（a）所示，材质球如图6-18（b）所示。

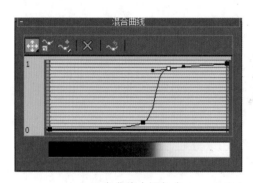

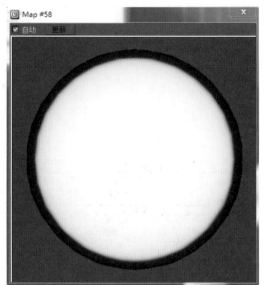

（a）在曲线中添加点　　　　　　　　（b）材质球效果

图6-18　添加点

❺ 按F9键进行渲染，渲染效果如图6-19所示。

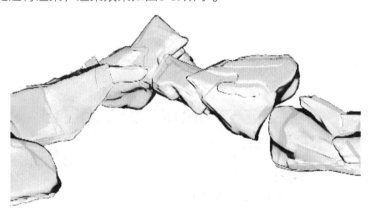

图6-19　渲染效果

❻ 然后为白色再添加一层衰减。单击"衰减参数"中白色块后的None按钮，如图6-20（a）所示，在弹出的"材质/贴图浏览器"窗口中选择"衰减"，并单击"确定"按钮，如图6-20（b）所示。

❼ 进入第二个衰减界面。打开"曲线参数"，单击添加点按钮为曲线添加一个点，并调整其位置，使黑白两部分更加分明，如图6-21（a）所示。材质球效果如图6-21（b）所示。

❽ 按F9键进行渲染，渲染效果如图6-22所示。

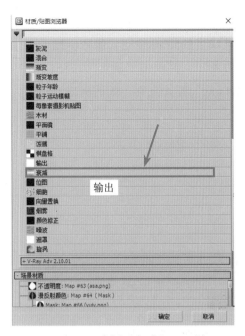

（a）单击白色块后的None按钮　　　　　（b）选择"衰减"

图6-20　为白色添加一层衰减

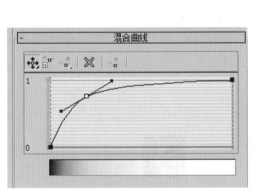

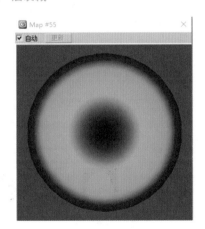

（a）添加一个点　　　　　（b）材质球效果

图6-21　添加点

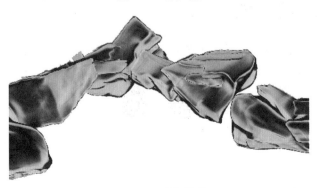

图6-22　渲染效果

❾ 最后要再添加一张遮罩位图。单击"回到父级"按钮，返回第一个衰减界面。单击黑色块后的None按钮，如图6-23（a）所示，在弹出的"材质/贴图浏览器"窗口中选择"位图"，并单击"确定"按钮，如图6-23（b）所示，在弹出的对话框中选择"6章\map\kl.png"图片文件，如图6-23（c）所示。

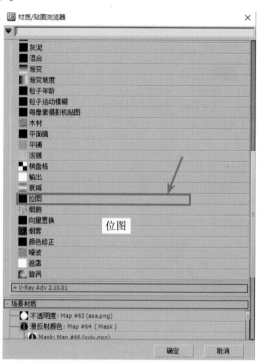

（a）单击黑色块后的None按钮

（b）选择"位图"

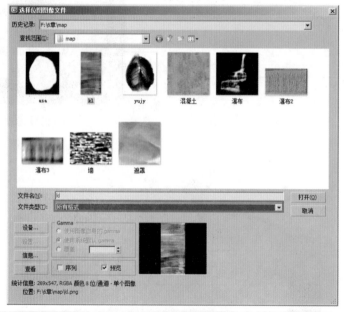

（c）选择图片文件

图6-23 添加一张遮罩位图

⑩ 将设置的材质赋予石头模型，按F9键进行渲染，渲染效果如图6-24所示。

图6-24　渲染效果

6.3.3　树叶模型添加水墨材质

❶ 选中树叶，右键单击，选择"孤立当前选择"，将所选的树叶模型孤立出来，如图6-25所示。

❷ 按M键打开"材质编辑器"，选择一个空白材质球，如图6-26所示。

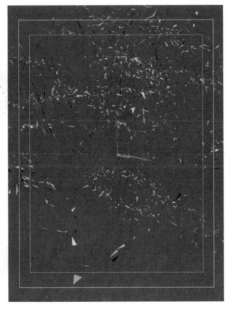

图6-25　选择"孤立当前选择"

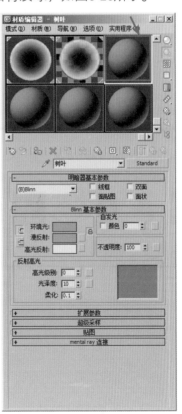

图6-26　选择空白材质球

❸ 为树叶添加不透明贴图，改变树叶的形状。单击"不透明度"后的空白按钮，如图6-27（a）所示，然后在弹出的"材质/贴图浏览器"窗口中选择"位图"，并单击"确定"按钮，如图6-27（b）。

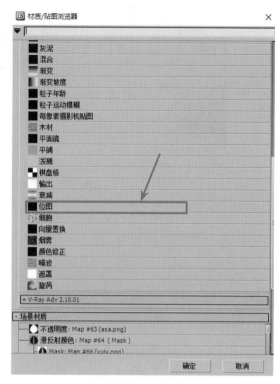

（a）单击"不透明度"后的空白按钮 （b）选择"位图"

图6-27 添加不透明贴图

❹ 在弹出的对话框中选择 "6章\map\asa.png"图片文件，如图6-28（a）所示，图片如图6-28（b）所示。

（a）选择图片文件 （b）asa.png图片

图6-28 选择图片

⑤ 按F9键渲染，渲染效果如图6-29所示。

图6-29　渲染效果

⑥ 单击"回到父级"按钮，返回父级界面。给树叶设置自发光，设置"自发光"值为40，如图6-30（a）所示，渲染效果如6-30（b）所示。

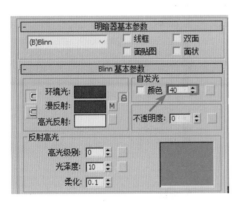

（a）设置自发光　　　　　　　　　　（b）渲染效果

图6-30　给树叶设置自发光

⑦ 目前树叶没有细节，下面给树叶材质添加细节。打开"贴图"卷展栏，单击"漫反射"后的None按钮，如图6-31（a）所示，然后在弹出的"材质/贴图浏览器"窗口中选择"遮罩"，如图6-31（b）所示。

⑧ 进入"遮罩"界面，如图6-32（a）所示。这一步要给"贴图"设置一个颜色，给"遮罩"添加一个黑白通道，使"贴图"与前面的漫反射固有色通过遮罩蒙版进行混合。单击"贴图"后的None按钮，在弹出的"材质/贴图浏览器"窗口中选择"噪波"，

并单击"确定",如图6-32（b）所示。

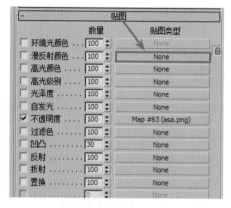

（a）单击"漫反射"后的None按钮

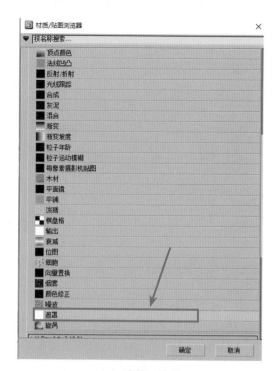

（b）选择"遮罩"

图6-31　"遮罩"贴图

（a）进入"遮罩"界面

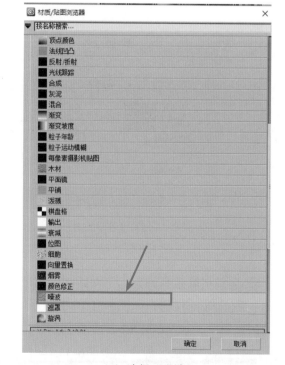

（b）选择"噪波"

图6-32　进入"遮罩"界面

❾ 进入噪波界面，打开"噪波参数"卷展栏，将"噪波阈值"的大小改为500.0，如图6-33所示。

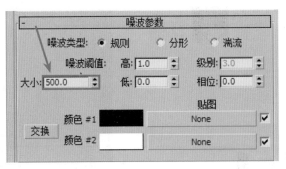

图6-33　修改"噪波阈值"的数值

❿ 单击"回到父级"按钮返回噪波界面。单击"遮罩"后的空白按钮，在弹出的"材质/贴图浏览器"窗口中选择"位图"，并单击"确定"按钮，如图6-34所示。

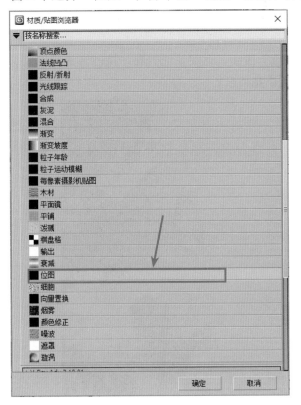

图6-34　选择"位图"

⓫ 在弹出的对话框中选择"6章\map\yujy.png"图片文件，如图6-35（a）所示，图片如图6-35（b）所示。

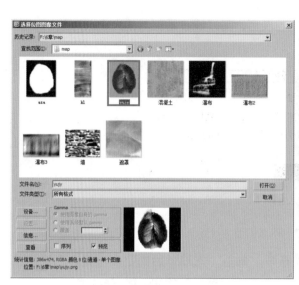

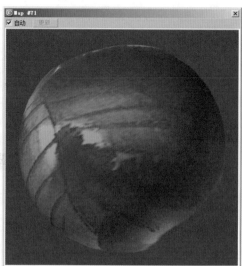

（a）选择图片文件 　　　　　　　　　　　　　（b）yujy.png图片

图6-35　选择图片文件

⑫ 单击"回到父级"按钮，返回父级界面，按F9键进行渲染，可以看到叶子上出现了叶脉，渲染效果如图6-36所示。

图6-36　渲染效果

⑬ 渲染效果显示叶子看起来比较实，现在改变不透明度，使其变薄，改变不透明度时材质球并没有变化，这是因为此时不透明度由后面的遮罩贴图控制，所以改变"Blinn基本参数"卷展栏的"不透明度"值为0的同时，也要改变"贴图"卷展栏的"不透明度"值为90，如图6-37所示。

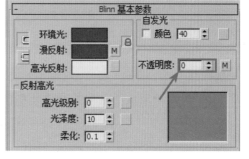

	贴图	
	数量	贴图类型
☐ 环境光颜色	100 ⬍	None
☑ 漫反射颜色	100 ⬍	Map #64（Mask）
☐ 高光颜色	100 ⬍	None
☐ 高光级别	100 ⬍	None
☐ 光泽度	100 ⬍	None
☐ 自发光	100 ⬍	None
☑ 不透明度	80 ⬍	Map #63 (asa.png)
☐ 过滤色	100 ⬍	None
☐ 凹凸	30	None

（a）"贴图"卷展栏的"不透明度"设置 （b）"Blinn基本参数"卷展栏的"不透明度"设置

图6-37　参数设置

⑭ 按F9键进行渲染，渲染效果如图6-38所示，可以看到有不透明的效果。

⑮ 最后渲染整个场景，如图6-39所示。

图6-38　渲染效果

图6-39　渲染整个场景

6.4　小结

　　本案例主要讲述水墨景观的制作过程，首先要改变材质球的自发光值，将物体的立体感去掉，呈现二维平面效果。然后给漫反射添加一个衰减贴图，调节中间与边的颜色，并调整曲线参数，然后再给白色块添加一个衰减贴图，调整参数曲线。再给黑色块后边添加一个遮罩贴图。制作石头的水墨效果时要注意：调整参数曲线时使黑白更加分明。树叶水墨效果的制作要给漫反射和折射添加颜色。

6.5　习题

选择题

（1）树木材质水墨效果的制作要将自发光颜色的值设为（　　）。

A. 100　　　　　　B. 80　　　　　　C. 65　　　　　　D. 30

（2）制作水墨效果要给漫反射颜色添加的贴图类型是（　　）。

A. 位图　　　　　B. 衰减　　　　　C. 棋盘格　　　　D. 平铺

（3）改变衰减材质球中黑白颜色的范围，应调整的是（　　）。

A. 参数曲线　　　B. 混合曲线　　　C. 衰减参数　　　D. 衰减类型

（4）调整混合曲线时，如何改变添加点的类型（　　）。

A. 右键单击　　　B. 左键单击　　　C. 左键双击　　　D. 右键双击

（5）添加点的类型有几种（　　）。

A. 2种　　　　　B. 3种　　　　　C. 5种　　　　　D. 4种

（6）调整混合曲线时，一般使用的点的类型是（　　）。

A. Bezier-平滑　　　　　　　　B. Bezier-角度

C. 平滑　　　　　　　　　　　D. 都可以

（7）添加树木水墨效果贴图时，如果要使水墨细节更加明显，应该给黑色块后添加什么类型的贴图（　　）。

A. 遮罩　　　　　B. 位图　　　　　C. 噪波　　　　　D. 棋盘格

（8）给树叶添加水墨效果时，想加上颜色应该在（　　）设置颜色。

A. 漫反射颜色　　　　　　　　B. 环境光颜色

C. 高光反射　　　　　　　　　D. 漫反射颜色和环境光颜色

（9）设置树叶水墨效果时，应该将自发光的值设为（　　）。

A. 100　　　　　　B. 80　　　　　　C. 40　　　　　　D. 0

（10）给树叶添加叶脉等细节时，应该给漫反射添加（　　）贴图。

A. 位图　　　　　B. 遮罩　　　　　C. 噪波　　　　　D. 棋盘格

6.6　答案

（1）A（2）B（3）B（4）A（5）D（6）A（7）A（8）D（9）C（10）C

第7章 奔驰博物馆

授课学时 **2**

实验学时 **4**

教学目的 ————————
掌握现代建筑景观中常规材质的表现技术，了解建筑表现图的后期处理过程。

教学内容 ————————
本章以德国梅赛德斯奔驰博物馆为表现对象，重点分析了铝板、玻璃材质的数字化模拟以及清晨光效果的制作技巧。

7.1 案例简介

梅赛德斯奔驰博物馆位于德国斯图加特，该博物馆收藏了很多豪华车辆，它在2006年成为博物馆向世人开放。展馆面积为1.65万平方米，在共9层的建筑中包含160辆展车和1500多件展品。梅赛德斯奔驰博物馆展馆造型独特，设计为圆润的曲线形，建筑的造型像三叶草，不同的层面被布置在中庭上方，视觉冲击力很强烈。外部为铝制的金属和玻璃，内部有"双螺旋"的展览通道设计，这种设计提高了空间的利用率，具有美感的同时又不失功能性。

本例要主要表现博物馆清晨的场景，侧重于铝板、玻璃材质的分析制作以及清晨光效果的制作。在清晨时分天空比较蓝，太阳刚从地平面上升起，光线比较淡并且与地平线的夹角很小，使树木和电线杆等的影子拉得很长。场景整体的色调是静谧的水蓝色，比较偏冷。博物馆最外面由铝板的金属材质包裹，在清晨阳光的照射下会有部分高光，但不是很强烈，玻璃材质在整体蓝色的背景下也呈现淡蓝色。博物馆的室内有灯光照明，灯光为暖色。在进行渲染设置时，要结合灯光并配合VRSKY来模拟清晨的效果，效果如图7-1所示。

下面对制作过程进行分析说明。

图7-1 奔驰博物馆效果图

7.2.1 铝板材质

❶ 打开"7章\max\无材质.max"文件，如图7-2所示。

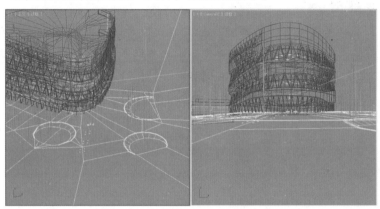

图7-2 "无材质.max"文件

❷ 单击左侧视口，并单击软件视口导航控制按钮的❑，或使用快捷键Alt+W将当前视口最大化，如图7-3所示。视口导航位于软件的右下角区域，这个区域有8个功能不同按钮，除了最大化视口之外，还包括以下7个。

- 缩放工具；选中时在绘图区中拖动可对视口进行放大与缩小；
- 缩放所有视口；选中时拖动可同时缩放所有视口；
- 最大化显示所选对象工具；可将选定的某个物体最大化显示在当前视口中；
- 所有视口最大化显示所选对象；可在所有视口中同时最大化显示所选对象；
- 视野工具；可调整视口中可见场景的透视幅度；
- 平移视图工具；拖动鼠标可将视图进行二维平行移动；
- 环绕子对象工具；可将所选对象环绕轴心点进行旋转。

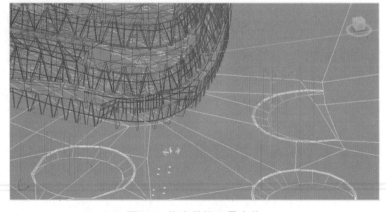

图7-3 将当前视口最大化

❸ 选中博物馆的铝板材质部分，右键单击，选择"孤立当前选择"，将所选材质进行孤立，如图7-4（a）所示。孤立后物体如图7-4（b）所示。

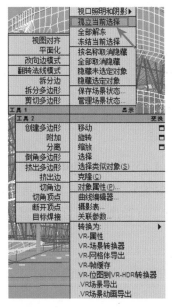

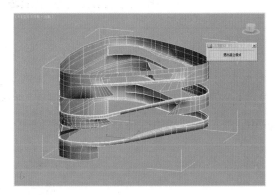

（a）选择"孤立当前选择"　　　　　　　（b）孤立后的物体

图7-4　孤立物体

❹ 下面对铝板进行材质贴图。按M键打开"材质编辑器"，选择一个空白材质球，材质类型为基本材质。铝板的制作采用了Shellac虫漆材质，它属于一种混合材质。单击Standard按钮，如图7-5（a）所示。在弹出的"材质/贴图浏览器"窗口中选择"虫漆"，如图7-5（b）所示。

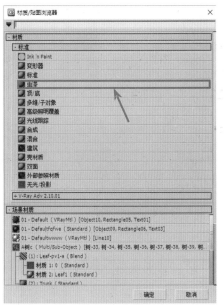

（a）单击Standard按钮　　　　　　　（b）选择"虫漆"

图7-5　材质贴图

❺ 选择后的界面如图7-6所示。

图7-6 选择后的界面

❻ 下面设置铝板参数。单击基础材质后的material #59（Standard）按钮进入基础材质的设置界面，基础设置的调法为正常调法，反射值较弱。首先设置基础材质类型，单击Standard按钮，如图7-7（a）所示。在弹出的"材质/贴图浏览器"窗口中选择VRayMtl，并单击"确定"按钮，如图7-7（b）所示。

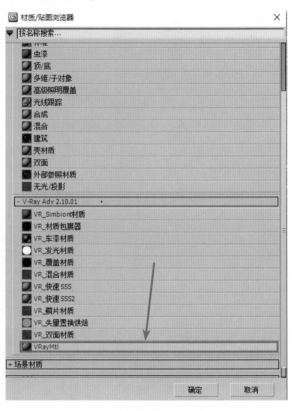

（a）单击Standard按钮 （b）选择VRayMtl

图7-7 设置基础材质类型

❼ 打开"基本参数"卷展栏，将基础材质的名称改为"铝板"。首先设置"漫反射"参数，单击"漫反射"后的空白按钮，如图7-8（a）所示。在弹出的"材质/贴图浏览器"窗口中选择"位图"，并单击"确定"按钮，弹出"选择位图图像文件"对话框，选择"7章\map\铝板.jpg"，给模型添加漫反射材质，如图7-8（b）所示。

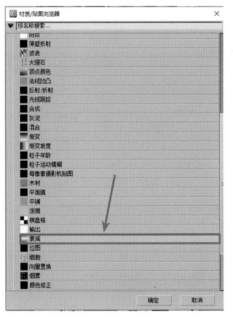

（a）单击"漫反射"后的空白按钮　　　　　　　　（b）添加漫反射材质

图7-8　打开图片

❽ 设置"反射"参数。将"反射"后的颜色设置为白色。单击空白按钮，在弹出的"材质/贴图浏览器"窗口中选择"衰减"，如图7-9（b）所示。打开"混合曲线"卷展栏，将曲线调灰，如图7-9（c）所示。 然后回到父级界面，将"高光光泽度"设为1，"反射光泽度"设为0.85，"细分"值设为14，如图7-9（a）所示。

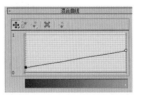

（a）设置参数　　　　　（b）选择"衰减"类型　　　　　（c）调灰曲线

图7-9　设置"反射"参数

❾ 打开"贴图"卷展栏，勾选所有的贴图项目，将"漫反射"值设为40，将贴图进行弱化。"凹凸贴图"的值设为30，单击后面的空白按钮，在弹出的"材质/贴图浏览器"窗口中选择"法线凹凸"，如图7-10所示。

进入"法线凹凸"贴图界面后，打开"参数"卷展栏，单击"法线"后的None按钮，如图7-11（a）所示。在弹出的"材质/贴图浏览器"窗口中选择"位图"，在"选择位图图像文件"对话框中选择"7章\map\铝板—normallbump.jpg"文件，如图7-11（b）所示。

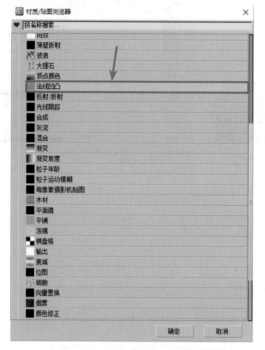

图7-10　选择"法线凹凸"

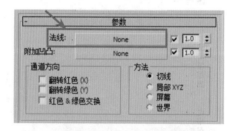

（a）单击"法线"后的None按钮

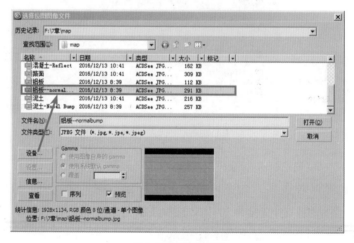

（b）选择图片文件

图7-11　选择图片

⑩ 单击"回到父级对象"按钮，回到父级界面，基础材质与虫漆材质的混合程度要控制一下，将"虫漆颜色混合"值设为27.0，如图7-12所示。

图7-12　设置"虫漆颜色混合"值

⑪ 设置虫漆材质，在虫漆材质的设置中，反射和发射模糊较强，数值设置较大。单击"虫漆材质"后的Material #60（Standard）按钮进入虫漆设置界面，单击Standard按钮，如图7-13（a）所示。在弹出的"材质/贴图浏览器"窗口中选择VRayMtl，如图7-13（b）所示。

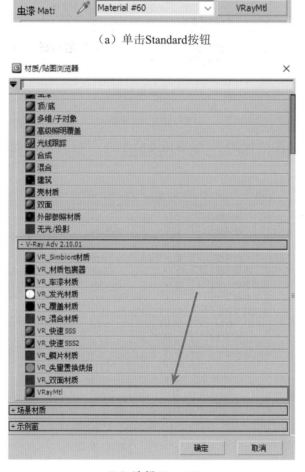

（a）单击Standard按钮

（b）选择VRayMtl

图7-13　设置虫漆材质

⑫ 漫反射贴图取值为100，显示原贴图，不需要改变。"反射"中设置色块的RGB值为79、79、79，如图7-14（a）所示。将"反射光泽度"设为0.9，"细分"值设为8，如图7-14（b）所示。

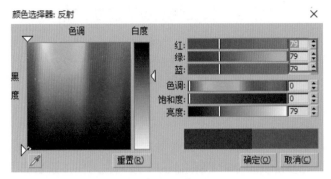

（a）色块颜色设置

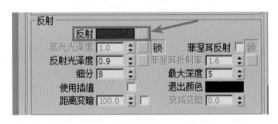

（b）参数设置

图7-14　反射设置

⑬ 单击打开"贴图"卷展栏，设置虫漆材质的"凹凸"贴图值为30，显示原贴图，如图7-15所示。

图7-15　设置"凹凸"值

⑭ 单击"返回父级对象"按钮💠返回父级界面，单击🎨按钮将材质指定给选择对

象，设置好的铝板材质就赋给了建筑模型中的铝板金属部分，如图7-16所示。单击"退出孤立模式"按钮显示全部的模型。

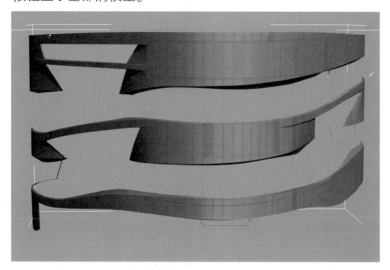

图7-16　效果图

7.2.2　玻璃材质

❶ 选中模型中的玻璃，右键单击，选择"孤立当前选择"，将所选的玻璃部分孤立出来，便于观看赋予材质后的效果，如图7-17所示。

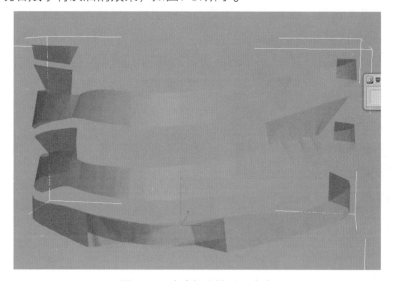

图7-17　玻璃部分被孤立出来

❷ 按M键打开"材质编辑器"，也可以直接在工具栏中单击材质编辑器按钮。选择一个空白材质球，单击Standard按钮，如图7-18（a）所示。在弹出的"材质/贴图浏览器"窗口中选择VRayMtl，并单击"确定"按钮，如图7-18（b）所示。

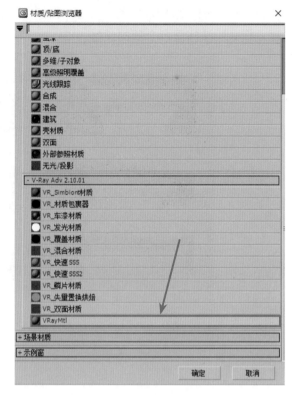

（a）单击Standard按钮　　　　　　　　　（b）选择VRayMtl

图7-18　选择材质

❸ 打开"基本参数"卷展栏，设置漫反射的颜色，玻璃本身为淡蓝色，早上光线比较淡有点灰，所以玻璃颜色是蓝灰色。单击"漫反射"后的颜色区域，如图7-19（a）所示。在弹出的"颜色选择器"中选择蓝灰色，如图7-19（b）所示。

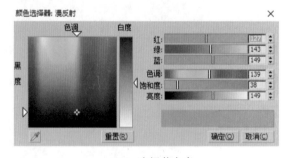

（a）单击"漫反射"后的颜色区域　　　　　　　（b）选择蓝灰色

图7-19　设置漫反射颜色

❹ 设置反射参数。将"反射"后的颜色设置为白色。单击"反射"后的空白按钮，给反射添加一个贴图，如图7-20（a）所示。在弹出的"材质/贴图浏览器"窗口中选择"衰减"，并单击"确定"按钮，如图7-20（b）所示。

❺ 单击"曲线混合"卷展栏，把曲线调得较亮一些，来增强反射。将曲线左边的点调节到中间的位置，如图7-21所示。

（a）单击"反射"后的空白按钮

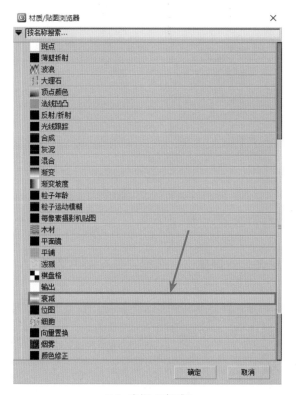

（b）选择"衰减"

图7-20　设置反射参数

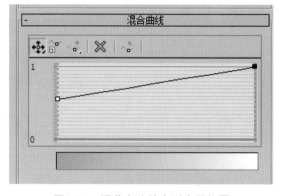

图7-21　调节左边的点到中间位置

❻ 给玻璃设置凹凸贴图数值。打开"贴图"卷展栏，将"凹凸"数值设置为30，如图7-22所示。

❼ 玻璃的材质就设置好了，单击🔳将材质指定给所选对象，效果如图7-23所示。单击"退出孤立模式"退出当前孤立，显示全部模型。

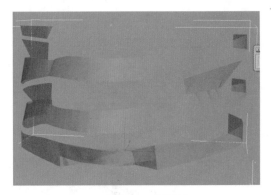

图7-22 设置"凹凸"数值　　　　　　图7-23 效果图

7.2.3 室内筒灯的设置

❶ 选择室内筒灯模型，右键单击，选择"孤立当前选择"，将所选的筒灯进行孤立，如图7-24所示。

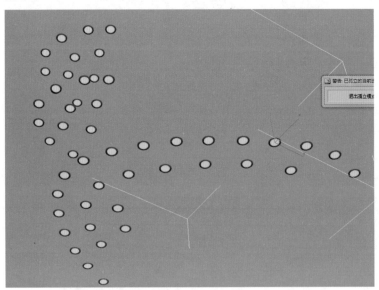

图7-24 孤立筒灯

❷ 给灯光添加材质。按M键打开"材质编辑器"，选择一个空白材质。灯光需要添加多个材质，所以需要将材质类型设置为"多维/子对象"。单击右上侧的Standard按钮，如图7-25（a）所示。在弹出的"材质/贴图浏览器"窗口中选择"多维/子对象"，并单击"确定"按钮，如图7-25（b）所示。

（a）单击Standard按钮　　　　　　　　　　　（b）选择"多维/子对象"

图7-25　给灯光添加材质

❸ 设置子对象的数量。筒灯需要添加两种不同的材质，将材质数量改为2。打开"多维/子对象基本参数"卷展栏。单击"设置数量"按钮，如图7-26（a）所示。在弹出的"设置材质数量"中将数字改为2，单击"确定"按钮，如图7-26（b）所示。

（a）单击"设置数量"按钮　　　　　　　　　（b）更改数值

图7-26　设置子对象数量

❹ 设置材质1。将材质1设置一个VRayMtl材质。单击ID为1的子材质空白按钮，进入子材质设置界面，如图7-27（a）所示。子材质为标准材质，单击右上角的Standard按钮，如图7-27（b）所示。在弹出的"材质/贴图浏览器"窗口中选择VRayMtl，如图7-27（c）所示。

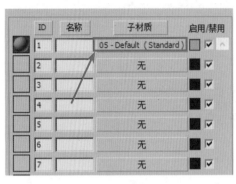

（a）单击图示空白按钮

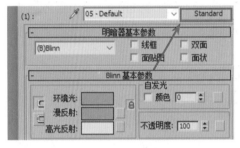

（b）单击Standard按钮

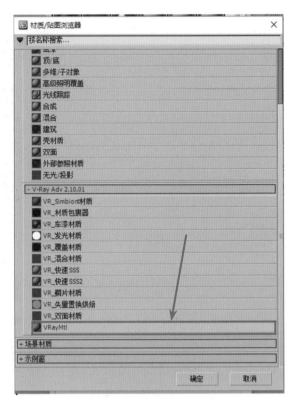

（c）选择VRayMtl

图7-27 设置材质1

⑤ 将材质的名称改为halogen，如图7-28所示。

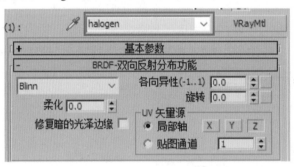

图7-28 材质名称

⑥ 单击"返回父级对象"按钮，返回父级界面，然后编辑ID为2的子对象，单击第二个子材质的空白按钮，如图7-29（a）所示。在弹出"材质/贴图浏览器"窗口中选择"VR_发光材质"，并单击"确定"按钮，如图7-29（b）所示。

⑦ 设置发光材质的参数。筒灯采用了VRayLightmtl灯光材质，打开"参数"卷展栏，将"颜色"后的数值设为20.0，如图7-30（a）所示，可代替灯光产生柔和的灯光效果。室内筒灯的灯光颜色为暖色，单击"颜色"后的颜色设置区域，如图7-30（b）所示。在弹出的"颜色选择器：颜色"界面中，设置RGB的数值为247、216、149，暖黄色，如图7-30（c）所示。室内灯光设置完毕。

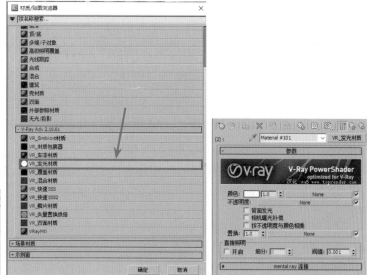

（a）单击第二个材质空白按钮　　　（b）选择"VR_发光材质"　　　（c）参数设置

图7-29　设置材质2

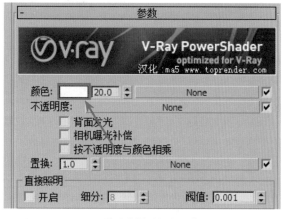

（a）设置"颜色"值　　　　　　　　　（b）单击颜色设置区域

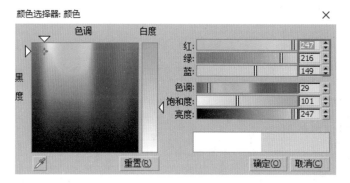

（c）设置颜色

图7-30　设置发光材质参数

7.2.4　渲染设置

❶ 设置主灯光。单击"退出孤立模式"，按F键将当前视口变为前视图。首先给场景添加主灯光，在命令面板中执行"创建"→"灯光"命令，选择"标准"，在"对象类型"中单击"目标平行光"按钮，如图7-31（a）所示。然后在绘图区单击鼠标左键，从右上角开始拉向场景中心下部的位置。平行光与水平线夹角约为30°，模拟清晨太阳刚刚升起时的光线的效果，如图7-31（b）所示。

在命令面板中，单击"修改"按钮进入灯光修改界面。打开"强度/颜色/衰减"卷展栏，将"倍增"强度改为0.6，"颜色"设为暖黄色，如图7-32所示。

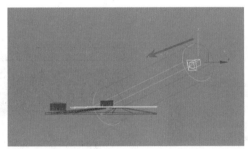

（a）选择"目标平行光"　　　　　（b）设置夹角

图7-31　设置主灯光　　　　　　　　　　　图7-32　设置灯光

❷ 设置辅助光源，辅助灯光为自由平行光。按T键将当前视口改为顶视图，在命令面板中执行"创建"→"灯光"→"标准"→"自由平行光"命令，如图7-33（a）所示。然后在绘图区的场景中心单击，如图7-33（b）所示。再按F键回到正视图，将灯光移动到场景上部，如图7-33（c）所示。

（a）单击"自由平行光"　　　（b）在场景中心单击　　　（c）灯光移动到场景上部

图7-33　设置辅助光源

单击命令面板的"修改"按钮，对辅助光源进行设置。由于辅助光源是天空反射给场景的光线，光源较弱，所以"颜色"设置为淡蓝色，"倍增"强度设为0.2，如图7-34所示。

图7-34　参数修改

❸ 渲染器设置。按F10键或者在工具栏中执行"渲染"→"渲染设置"命令，打开"渲染设置"界面。单击"VR_基项"选项卡，打开"V-Ray::环境"卷展栏。打开"全局照明环境（天光）覆盖"和"反射/折射环境覆盖"，并且将"全局照明环境（天光）覆盖"的"颜色"设置为淡蓝色，"倍增器"都设置为1.0，如图7-35所示。

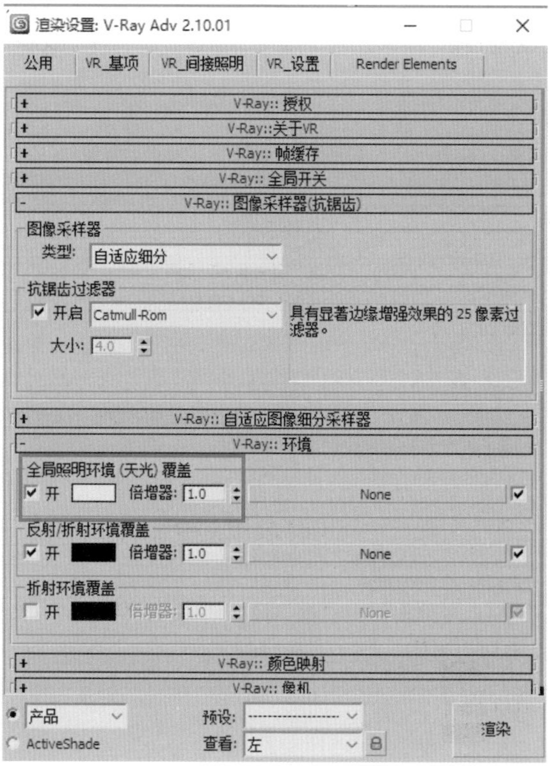

图7-35　渲染器设置

❹ 为"全局照明环境（天光）覆盖"与"反射/折射环境覆盖"添加VR_天空贴图。单击"全局照明环境（天光）覆盖"后的None按钮，如图7-36（a）所示。在弹出的"材质/贴图浏览器"中选择"VR_天空"，如图7-36（b）所示。然后单击"反射/折射环境覆盖"后的None按钮，也添加"VR_天空"材质，添加后如图7-36（c）所示。

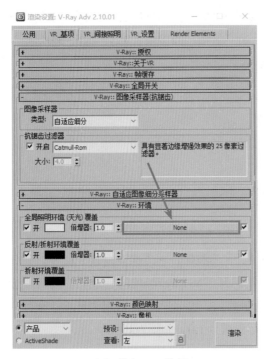

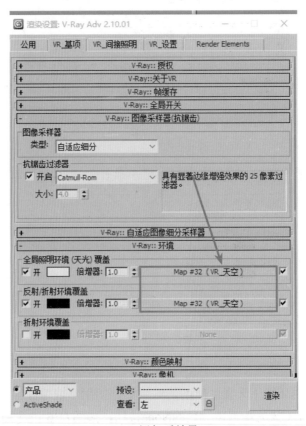

（a）单击None按钮　　　　　　　　　　　（b）选择"VR_天空"

（c）添加后效果

图7-36　添加VR_天空

7.2.5　在Photoshop中对图片进行修改

❶ 给图片添加素材，包括树木、人物、汽车等，如图7-37所示。

图7-37　给图片添加素材

❷ 在Photoshop中添加效果。在3ds Max软件中渲染出RGB图，导入Photoshop中，如图7-38所示。

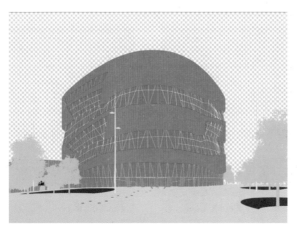

图7-38　渲染出RGB图

❸ 首先，给天空添加效果，加入白云并将局部颜色加深，如图7-39所示，图7-39（a）为原图，图7-39（b）为添加效果后的图片。

（a）原图　　　　　　　　　　　　　　　　　（b）添加效果后

图7-39　给天空添加效果

④ 添加远处的建筑，如图7-40所示。

⑤ 添加中景处植物，如图7-41所示。

图7-40　添加远处景物

图7-41　添加中景处植物

⑥ 添加建筑场景，如图7-42所示。

⑦ 将右侧树木颜色加深，如图7-43所示。

图7-42　添加建筑场景

图7-43　加深树木颜色

⑧ 加亮室内灯光，如图7-44所示。

⑨ 修改底部玻璃的颜色，与底部灯光相符，如图7-45所示。

图7-44　加亮室内灯光

图7-45　修改底部玻璃颜色

⑩ 加亮室内灯光，如图7-46所示。

⓫ 添加人物，并对金属材质进行加亮处理，完成后效果如图7-47所示。

图7-46　加亮室内灯光

图7-47　完成效果

7.3　小结

　　本案例重点讲述的是铝板材质的添加、玻璃材质的设置、灯光的设置、渲染设置。在添加铝板材质时使用了一种混合材质——虫漆材质，设置基础材质时采用正常调法，漫反射贴图取值设置为40，反射添加falloff贴图，并且将曲调调灰，铝板材质也有凹凸效果，所以要添加凹凸贴图，将值设为30。在设置虫漆材质时漫反射不需要添加贴图，取值为100，"反射"中的色块RGB设为158、158、158。建筑表面"反射光泽度"设为0.54，该值越低反射越模糊。"细分"值设为14。虫漆材质与基础材质的混合程度设为27。设置玻璃材质时，由于清晨玻璃颜色为蓝色，所以将漫反射颜色设置为淡蓝灰，在反射中添加falloff贴图，并将曲线调得较亮以增强反射。筒灯为室内灯光，颜色较暖设为淡黄色。筒灯采用了VRayLightmtl灯光材质，值为20，可代替灯光产生柔和的灯光效果。环境光主要为太阳发出的光和天空的反射光。太阳发出的光颜色为淡蓝色，清晨光线较弱故将倍增值设为0.6，目标平行光可以模拟太阳光；天空的反射光为辅助光源，颜色为淡蓝色，强度较弱，设为0.2。设置好灯光后要进行渲染设置，将"全局照明环境（天光）覆盖"设为淡蓝色，"反射/折射环境覆盖"设为黑色，"倍增器"都为1，最后分别添加"VR_天空"贴图。

7.4　习题

选择题

（1）在3ds Max中，软件视口导航控制区域可同时缩放所有视口的按钮是（　　　）。

A.   B.   C.   D.

（2）铝板材质的制作使用了哪种材质（　　　　）。

A. 标准材质   B. 虫漆材质

C. 合成材质   D. 多维/子对象材质

（3）打开材质编辑器的快捷键是（　　　　）。

A. M   B. F10   C. F9   D. T

（4）设置铝板材质的基础材质为（　　　　）。

A. VRayMtl   B. VR_快速sss2   C. 标准材质   D. 混合材质

（5）虫漆材质中漫反射的颜色应设置为（　　　　）。

A. 灰色   B. 黑色   C. 淡蓝色   D. 白色

（6）将材质指定给所选对象的按钮为（　　　　）。

A.   B.   C.   D.

（7）可以模拟太阳光的灯光为（　　　　）。

A. 目标平行光   B. 自由平行光   C. 天光   D. 目标聚光灯

（8）可以作为辅助光源的灯光为（　　　　）。

A. 目标平行光   B. 自由平行光   C. 天光   D. 目标聚光灯

（9）打开渲染设置的快捷键为（　　　　）。

A. M   B. F10   C. F9   D. T

（10）全局照明环境光添加的贴图是（　　　　）。

A. VRayMtl   B. VR_天空   C. 标准材质   D. 混合材质

7.5　答案

（1）B（2）B（3）A（4）A（5）D（6）A（7）A（8）B（9）C（10）B

第8章 当代画廊

授课学时 **2**

实验学时 **4**

教学目的
熟练掌握3ds Max中的日景渲染技术。

教学内容
本案例要制作一个日光下建筑物的渲染场景，主要讲解的工具有材质球、灯光强度以及玻璃、金属材质、墙面凹凸贴图、漫反射的设置。

8.1 案例简介

本案例讲解的是"当代画廊"的日景表现，和前面的经典建筑相比较，"当代画廊"是一个未落地的设计方案，从建筑属性上来讲属于公共建筑，是为了满足大众的审美需要和艺术品传播推广的需求而设计的非商业用途性质的建筑。设计师在表现上采用了直线形的简约构造方式，给予观众更多的理性感受。材料上的选择主要是以大理石和玻璃幕墙为主，给人以严肃、通透、厚重之感。经过反复调试，最终的日景模拟效果如图8-1所示。

图8-1 日景模拟效果

打开"8章\max\无材质\max"文件，如图8-2所示。

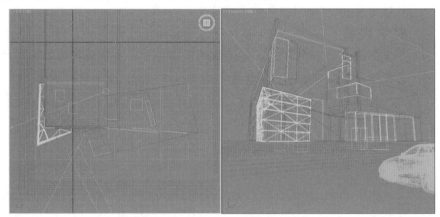

图8-2 "无材质.max"文件

8.2.1 创建天空

❶ 首先在顶视图中创建一个球体。选择其中一个视口，单击软件视口导航控制的 [按钮或者使用快捷键**Alt+W**将选择的视口最大化。按下**T**键将当前视口转换为顶视图。在软件右侧的命令面板中选择"创建"面板，执行"几何体"→"标准几何体"→"球体"命令，如图8-3（a）所示。将鼠标放在视口中场景的中心位置，单击鼠标并往外拖曳直至盖住整个建筑物，如图8-3（b）所示。

（a）创建球体

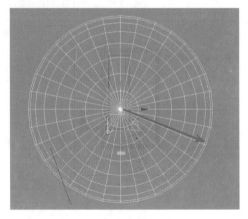

（b）盖住整个建筑物

图8-3 创建球体

❷ 按**F**键将当前视口转换为正视图。选择所创建的球体并单击鼠标右键，在弹出的菜单中执行"转换为"→"转换为可编辑网格"命令，将几何球体转换为可编辑网格

模型，如图8-4（a）所示。单击命令面板的"修改"按钮，在"选择"参数中选择点选项，如图8-4（b）所示。

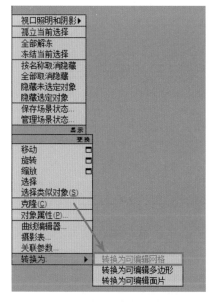

（a）转换为可编辑网络模型　　　　　　　（b）选择点选项

图8-4　编辑球体

回到绘图区，框选球体下半部分的点并按Delete键进行删除，如图8-5所示。

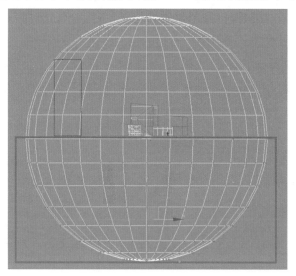

图8-5　删除球体下半部分的点

删除后对半球体进行缩放。在软件主工具栏中选择"缩放工具"，沿 *Y* 轴方向进行压缩操作，效果如图8-6所示。

由于场景在天空内部，所以要将天空的法线进行翻转。执行"可编辑网格"→"选择"→"元素"命令，如图8-7（a）所示。打开"曲面属性"一栏，单击"翻转"按钮，天空的模型就建好了，下面开始进行贴图，如图8-7（b）所示。

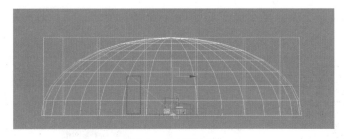

图8-6 沿Y轴压缩

（a）选择"元素"   （b）单击"翻转"按钮

图8-7 建立天空模型

❸ 选中天空模型，按M键打开"材质编辑器"对话框，选择一个空白材质球。单击"Blinn基本参数"卷展栏中"漫反射"右边的空白按钮，在弹出的"材质/贴图浏览器"窗口中选择"位图"，并单击"确定"按钮，如图8-8（a）所示。此时弹出一个"选择位图图像文件"对话框，选择"8章\map\sky.jpg"文件，单击"打开"按钮，如图8-8（b）所示。

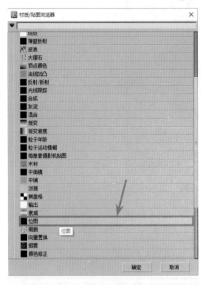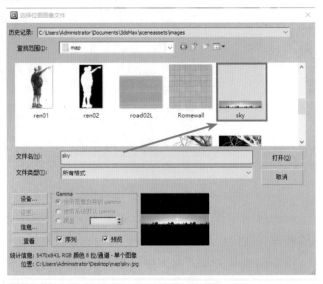

（a）选择"位图"   （b）选择"sky.jpg"文件

图8-8 选择位图

❹ 漫反射材质添加完成后，在"材质编辑器"中返回到父级界面，单击▓将所选材质指定给所选对象，如图8-9所示。

❺ 给天空设置自发光效果。单击"贴图"卷展栏，首先勾选"自发光"选项，然后对自发光加贴图。贴图有两种方式，一种是将漫反射颜色的贴图直接进行复制，然后在自发光右侧的空白按钮处粘贴；另一种是单击自发光右侧的空白按钮，在弹出的"材质/贴图浏览器"窗口中选择"位图"，然后在弹出的"文件选择"对话框中选择天空贴图。添加贴图后的参数如图8-10所示。

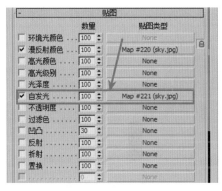

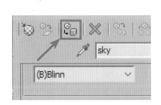

图8-9　指定给所选对象　　　　　　　图8-10　添加贴图后

❻ 添加UVW贴图。在命令面板的"修改器列表"中选择"UVW贴图"，如图8-11（a）所示。单击"参数"卷展栏，由于天空模型为半球形，故将贴图类型设置为"柱形"即可，"对齐方式"为Z轴对齐，如图8-11（b）所示。

（a）选择"UVW贴图"　　　　（b）参数选择

图8-11　添加UVW贴图

8.2.2　给场景添加灯光

❶ 单击命令面板的"创建"按钮，单击"灯光"，在灯光列表中选择"标准"灯光。选择目标对象类型为"目标平行光"，在"强度/颜色/衰减"参数栏中设置灯光"倍增"强度为0.85，"颜色"为淡黄色，如图8-12所示。

❷ 回到绘图区，按F键将视口转换为前视图。在左上侧单击鼠标左键并拖曳至场景中心处，平行光与水平线的夹角为60°，如图8-13所示，灯光设置完毕。

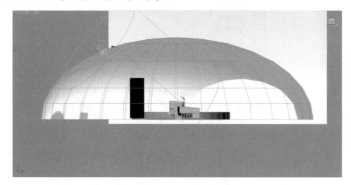

图8-13　效果图

下面给场景中的模型添加材质。

图8-12　设置灯光

8.2.3　玻璃材质的添加

❶ 选择建筑模型中的玻璃部分，按M键打开"材质编辑器"，选择一个空白材质球。在"Blinn基本参数"中将"不透明度"设为30，"漫反射"和"环境光"的颜色设为墨绿色，"高光级别"设为80，"光泽度"设为45，如图8-14所示。

❷ 设置过滤参数。单击"扩展参数"卷展栏，将"高级透明"的"类型"设置为"过滤"，颜色设为淡绿色，如图8-15所示。

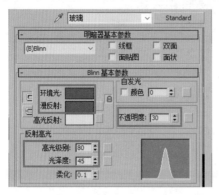

图8-14　设置"Blinn基本参数"

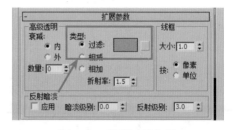

图8-15　设置过滤参数

❸ 给玻璃设置反射参数。打开"贴图"卷展栏，勾选"反射"复选框，将反射数量设置为40，单击右侧的空白按钮，在弹出的"材质/贴图浏览器"窗口中选择"VR_贴图"，并单击"确定"按钮，如图8-16所示。最后回到父级界面，单击🖫将设定的材质指定给玻璃。

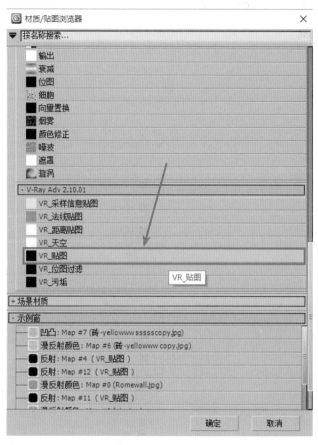

图8-16　反射参数设定

8.2.4　给轿车添加金属材质

❶ 选中轿车模型并右键单击，选择"孤立当前选择"，在界面中只可见当前选择的模型。按M键打开"材质编辑器"，选择一个空白材质球。首先设置材质的明暗器类型，单击"明暗器基本参数"卷展栏，选择"（M）金属"。汽车的颜色设置为蓝灰并稍深的颜色，所以将"环境光"和"漫反射"颜色设置为RGB：118、131、138，如图8-17（a）所示。金属没有透明度，"不透明度"参数不需要更改。将"反射高光"的参数"高光级别"设为70，"光泽度"设为60，如图8-17（b）所示。

❷ 给汽车添加反射材质。打开"贴图"卷展栏，勾选"反射"选项，如图8-18（a）所示。然后单击右侧的空白按钮，在弹出的"材质/贴图浏览器"窗口中选择"VR_贴图"，如图8-18（b）所示，给金属添加VR贴图。

（a）颜色设置

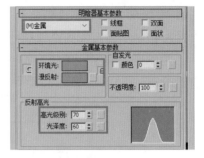

（b）参数设置

图8-17　添加金属材质

（a）勾选"反射"

（b）给金属添加VR贴图

图8-18　添加VR贴图

汽车的最终效果如图8-19所示。

图8-19　最终效果

8.2.5　添加主墙面材质

❶ 选择墙面模型，右键单击，选择"孤立当前选择"，将所选的墙面模型孤立出来。按M键打开"材质编辑器"，选择一个空白材质球。打开"Blinn基本参数"卷展栏，首先将"反射高光"的参数"高光级别"设为15，"光泽度"设为25。为漫反射加一个贴图，单击"漫反射"后的空白按钮，如图8-20所示。

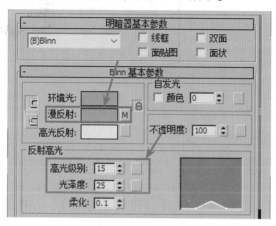

图8-20　参数设置

❷ 给漫反射加一个贴图。单击"漫反射"后的空白按钮，在弹出的对话框中找到map文件夹，选择"砖-yellowww copy.jpg"图片，单击"打开"按钮，如图8-21所示。

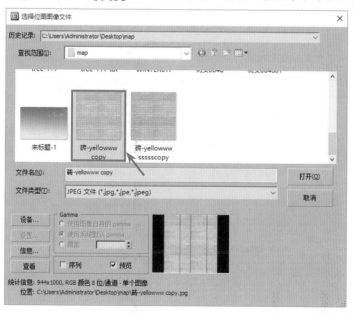

图8-21　选择图片文件

❸ 给墙面贴图添加凹凸效果。返回父级界面，打开"贴图"卷展栏，勾选"凹凸"效果，将"数量"设为10，然后将"漫反射颜色"后的贴图拖动复制到"凹凸"处，或者单击空白按钮，在打开的"贴图/材质浏览器"窗口中选择"位图"，并在打开的对话框中选

择砖面材质，如图8-22（a）所示。墙面凹凸的效果就添加好了，如图8-22（b）所示。

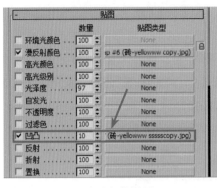

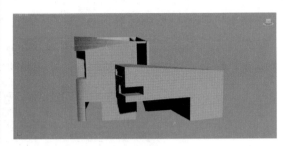

（a）贴图参数设置　　　　　　　　　　　　　（b）效果

图8-22　添加凹凸效果

8.2.6　给台阶添加材质

❶ 选中台阶模型，右键单击，选择"孤立当前选择"，将所选的台阶模型孤立出来。按M键打开"材质编辑器"，选中一个空白材质球。首先添加漫反射材质，打开"Blinn基本参数"卷展栏，单击"漫反射"后的空白按钮，在弹出的"材质/贴图浏览器"窗口中选择"位图"，如图8-23（b）所示。出现文件选择对话框，在"map"文件夹中选择"Romewall.jpg"文件，单击"打开"按钮，如图8-23（a）所示。

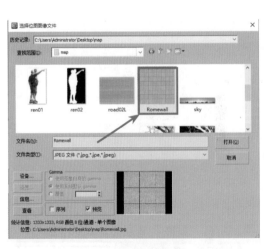

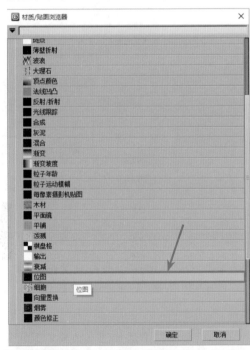

（a）选择文件　　　　　　　　　　　　　（b）选择"位图"

图8-23　添加材质

❷ 设置反射高光。墙面在光线的照射下会呈现一定程度的高光现象，但不是很明显，故将"高光级别"设为15，"光泽度"设为25，如图8-24所示。

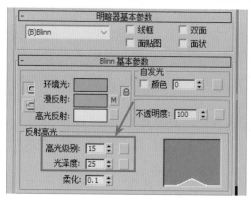

图8-24　"反射调光"设置

❸ 添加反射效果。在"材质编辑器"中返回到父级界面，打开"贴图"卷展栏，勾选"反射"选项，将"数量"设置为5，然后给反射添加贴图，如图8-25（a）所示。单击"反射"后的None按钮，在弹出的"材质/贴图浏览器"窗口中选择"VR_贴图"，如图8-25（b）所示。

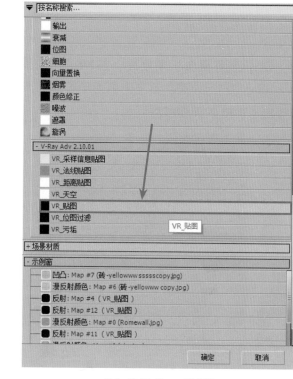

（a）添加反射贴图　　　　　　　（b）选择"VR_贴图"

图8-25　添加反射效果

❹ 贴图后的台阶效果如图8-26所示。

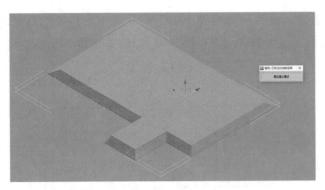

图8-26　效果图

8.2.7　设置渲染参数中的天光强度

渲染参数要在"渲染设置"中进行设置，打开"渲染设置"面板，可在菜单栏中执行"渲染"→"渲染设置"命令，弹出"渲染设置"对话框，也可以直接按F10快捷键。单击"VR_基项"选项卡，然后打开"V-Ray::环境"卷展栏，勾选"全局照明环境（天光）覆盖"，将颜色设置为浅蓝色，然后设置"倍增器"的数值为0.6，如图8-27所示。

8.2.8　场景渲染

❶ 调整好摄像机角度后，按F9键对场景进行渲染。渲染完成后需要将图片放在Photoshop中进行调整。首先需要为场景添加天空、树木、人物、玻璃。在建筑物的周围添加树木素材，如图8-28所示。

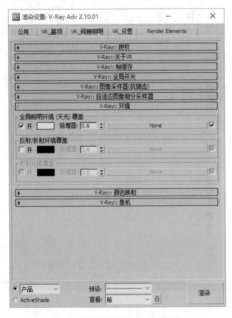

图8-27　渲染参数设置　　　　　　　　图8-28　添加树木素材

❷ 在天空的右上角添加树枝，如图8-29所示。

❸ 给玻璃添加倒影效果，素材如图8-30所示。

图8-29　添加树枝

图8-30　添加倒影效果

8.2.9　Photoshop后期处理

❶ 渲染的**RGB**通道与添加素材后的图片如图8-31所示。

图8-31　渲染后效果

❷ 修改墙面的亮度部分，如图8-32所示。

❸ 给台阶添加亮度，如图8-33所示。

图8-32　修改墙面亮度部分

图8-33　给台阶添加亮度

④ 给玻璃添加其他物体的阴影效果，如图8-34所示。

⑤ 给轿车添加车牌号码，添加后效果如图8-35所示。最终的场景效果图制作完成。

图8-34　添加其他物体阴影效果　　　图8-35　添加车牌号码

8.3　小结

本例主要介绍日光时天空的创建与建筑物、车辆材质贴图的使用。创建天空时首先需要以场景的中心为中心点建立一个球体，然后转变成可编辑网格并删掉球体的下半部分。由于天空使用的是球体的内部，在贴图的过程中要注意进行法线的翻转，并且需要设置自发光贴图。添加灯光时，主要添加的是主光——阳光，一般使用自由平行光模拟太阳光，颜色设置为暖色，倍增较大。设置玻璃材质时，首先要先给玻璃一个漫反射颜色，并降低它的不透明度，赋予高光级别和光泽度，还需设置过滤颜色。添加反射贴图时赋予一个VR_贴图。给金属进行材质贴图，首先要设置其环境光与漫反射的颜色，提高发光级别和光泽度。设置墙面材质时，由于墙面的反射较弱，所以高光级别和光泽度的数值较低，添加漫反射的同时也要添加一个凹凸材质，并设置凹凸的数量。台阶材质的添加与墙面材质大致相同，只是不需要添加凹凸贴图。

8.4　习题

选择题

（1）在3ds Max中，最大化视口切换的快捷键是（　　　）。

A. Alt+W　　　　　　B. F10　　　　　　C. T　　　　　　D. M

（2）天空模型需要添加的贴图除了漫反射贴图外，还有（　　　）。

A. 凹凸贴图　　　　　B. 自发光　　　　　　C. 反射贴图　　　　　D. 高光级别

（3）给天空模型添加UVW贴图时，设置参数时需要的贴图类型为（　　　）。

A. 圆形　　　　　　　B. 柱形　　　　　　　C. 平面　　　　　　　D. 正方形

（4）设置玻璃材质时，过滤颜色为（　　　）。

A. 淡蓝色　　　　　　B. 灰色　　　　　　　C. 红色　　　　　　　D. 黄色

（5）给玻璃添加反射贴图时，应加入的贴图类型为（　　　）。

A. 位图　　　　　　　B. VR_贴图　　　　　C. VR_法线贴图　　　D. 细胞贴图

（6）设置墙体材质时，除了添加漫反射颜色贴图，还需要的贴图为（　　　）。

A. 凹凸贴图　　　　　B. 自发光贴图　　　　C. 反射贴图　　　　　D. 环境光颜色

（7）渲染设置中，天光颜色为（　　　）。

A. 淡蓝色　　　　　　B. 淡黄色　　　　　　C. 白色　　　　　　　D. 红色

（8）给天空添加好贴图后，需要进行的操作是（　　　）。

A. 进行法线翻转　　　　　　　　　　　B. 统一法线

C. 翻转法线模式　　　　　　　　　　　D. 不作任何修改

（9）将视口转换为前视图的快捷键为（　　　）。

A. F　　　　　　　　　B. T　　　　　　　　　C. L　　　　　　　　　D. M

（10）场景主光灯的颜色设置为（　　　）。

A. 淡黄色　　　　　　B. 淡蓝色　　　　　　C. 白色　　　　　　　D. 不需要设置

8.5　答案

（1）A（2）B（3）B（4）A（5）B（6）A（7）A（8）A（9）A（10）A

第9章 香涧别墅

授课学时 **2**

实验学时 **4**

教 学 目 的

掌握3ds Max中的夜景渲染技术。

教 学 内 容

本案例以"香涧别墅"为主体,对夜景景观进行模拟练习,本案例重在通过3ds Max营造静谧的夜色气氛。

9.1 案例简介

本案例描绘的是傍晚时分别墅一角的景象。傍晚是指日落时刻,即太阳落山至晚上的这段时间。傍晚的阳光与水平线的夹角较小,从图9-1来看,光线从左下方照射过来,颜色为暖色,天空的颜色为湛蓝色。建筑物的墙壁材质为混凝土,窗户的边缘为木质材质,柱子为大理石材质。

图9-1 别墅一角

该案例的景观构图采用了黄金分割比例,如图9-2所示。黄金分割是指把一个整体分成两个不同大小的部分，较大部分与整体的比值等于较小部分与较大部分的比值，该值为0.618。黄金分割最能引起美感的比例。图9-3中的线条表示黄金分割线。在本案例的景观渲染图中，红色线两边的比例为0.618，绿色线两边的比例也为0.618，符合黄金分割比例，可以看出，这样的构图是具有美感的。

图9-2　黄金分割构图

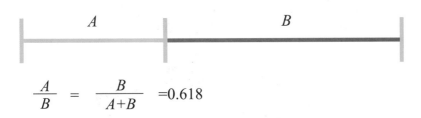

$$\frac{A}{B} = \frac{B}{A+B} = 0.618$$

图9-3　黄金分割表示

　　除了黄金分割之外，还有一个黄金螺线的概念。黄金螺线属于对数螺线的一种，对数螺线的公式是

$$\rho = \alpha e^{\wedge}(\varphi k)$$

其中α和k都是常数，φ是极角，ρ是极径，e是自然对数的底。

　　当$f(x) = e^x$时，取x为0.4812，那么，$f(x) = 0.6188$，这时的对数螺线就是黄金螺线，在构图中是美中至极，而且黄金螺线中每一点曲率的变化率都是相同的，如图9-4所示。

　　例如名画《蒙娜丽莎》中，人物头部的比例采用了黄金螺线（设头部为线段A，上身为线段B，这两段之比为A：B=0.618），如图9-5所示。

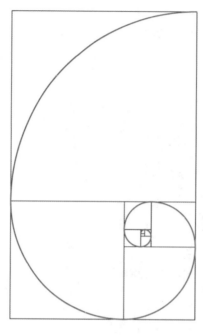

图9-4 黄金螺丝

图9-5 《蒙娜丽莎》

　　同样，在本案例中，建筑的入口位置也采用了黄金螺线（设入口的门厅及二层观景台为线段A，其他建筑部分为线段B，这两段之比A：B=0.618），如图9-6所示。

图9-6 建筑采用黄金螺线构图

9.2　制作步骤

9.2.1　灯光设置

❶ 打开"9章\max\无材质.max"文件，单击前视口，按Alt+W快捷键，或者单击软件视口导航控制按钮中的 按钮，使选择的窗口显示最大化。

❷ 添加灯光。在命令面板中单击"创建"→"灯光"命令，选择"标准"选项，在"对象类型"中单击"目标平行光"按钮，如图9-7所示。

图9-7　选择"目标平行光"

❸ 回到绘图区，在右上角单击鼠标左键，然后向左下方向拖动鼠标到景观部分，使平行光与水平线夹角为30°，如图9-8所示。

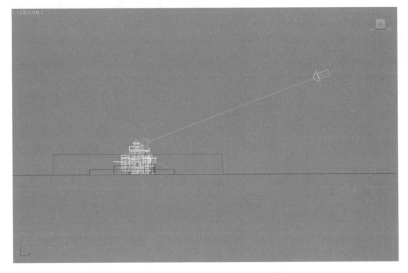

图9-8　设置平行光与水平线夹角

❹ 设置目标平行光的参数。首先设置灯光的阴影类型，在命令面板中单击"修改"按钮，进入灯光修改界面，打开"常规参数"卷展栏，将"灯光类型"设为"平行光"。勾选"阴影"下的"启用"复选框，设置"阴影"类型为"VRay阴影"，如图9-9所示。

❺ 设置灯光的强度及颜色。单击"强度/颜色/衰减"卷展栏，由于是傍晚时分的景色，故光的强度值不用太高，将"倍增"值改为0.85即可，傍晚时分阳光一般为暖黄色，所以将"颜色"改为黄色，如图9-10所示。

图9-9　平行光参数

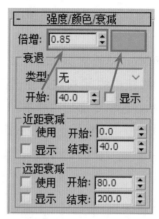

图9-10　设置灯光强度及颜色

❻ 修改光的聚光区与衰减区。单击"平行光参数"卷展栏，聚光区是灯光集中的区域，光束在此区域较强，衰减区在聚光区之外，光束在此区域慢慢变淡，参数设置如图9-11（a）所示。最后灯光如图9-11（b）所示，里面颜色较浅的方块区域是聚光区，包围聚光区的颜色较深的方块是衰减区。

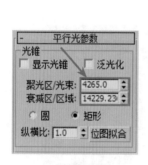

（a）参数设置

（b）灯光效果

图9-11　修改光的聚光区与衰减区

9.2.2　材质指定

❶ 选择建筑体模型，右键单击，选择"孤立当前选择"，将所选的建筑体模型孤立出来，便于观察材质指定之后的效果，如图9-12所示。

❷ 按M键打开"材质编辑器"，单击一个空白材质球，然后打开"Blinn基本参数"卷展栏，单击"环境光"与"漫反射"后的色块，将颜色修改为如图9-13所示的颜色。

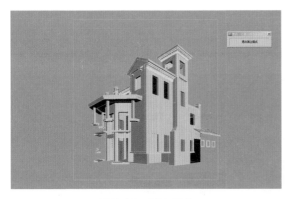

图9-12 孤立物体

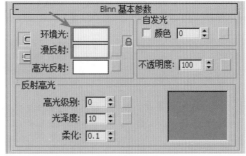

图9-13 参数设置

❸ 给建筑物添加材质贴图。在"Blinn基本参数"卷展栏中，单击"漫反射"后的空白按钮，如图9-14（a）所示。在弹出的"材质/贴图浏览器"窗口中选择"位图"，如图9-14（b）所示。

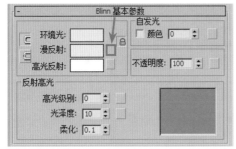

（a）单击"漫反射"后的空白按钮

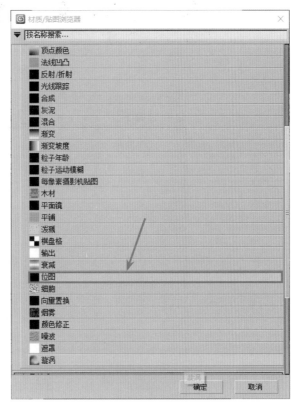

（b）选择"位图"

图9-14 添加贴图

在弹出的对话框中选择"9章\map\混凝土_bump.jpg"文件，单击"打开"按钮，如图9-15（a）所示，贴图如图9-15（b）所示。

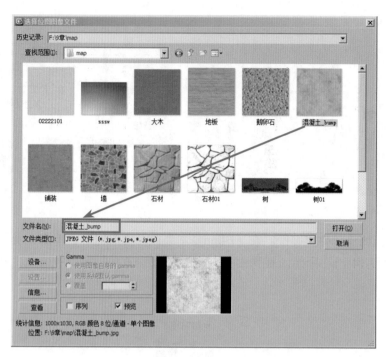

（a）选择图片文件

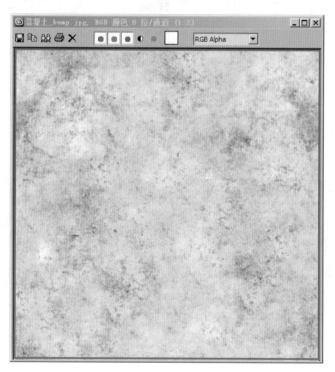

（b）"混凝土_bump.jpg"文件

图9-15　选择贴图

❹ 给墙壁添加凹凸贴图。打开"贴图"卷展栏，可以看到"漫反射颜色"已经被选中，已经添加了贴图，该贴图即前面"漫反射"贴图。勾选"凹凸"选项，单击后面的None按钮，如图9-16（a）所示。在弹出的"材质/贴图浏览器"窗口中选择"位图"，

如图9-16（b）所示。

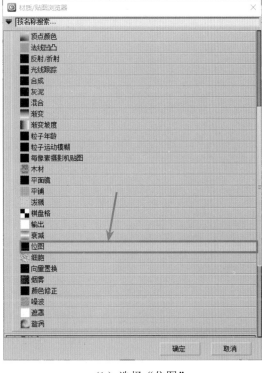

（a）单击"凹凸"后的None按钮　　　　　　　　（b）选择"位图"

图9-16　添加贴图

在弹出的对话框中选择"9章\map\02222101.jpg"文件，单击"打开"按钮，如图9-17（a）所示。图片效果如图9-17（b）所示。

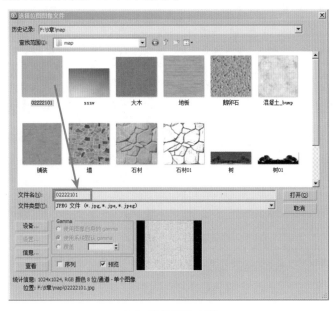

（a）选择图片文件

图9-17　选择贴图

（b）"02222101.jpg"文件

续图9-17

❺ 建筑墙面的材质设置完毕，按F9键进行渲染，渲染效果图9-18所示。

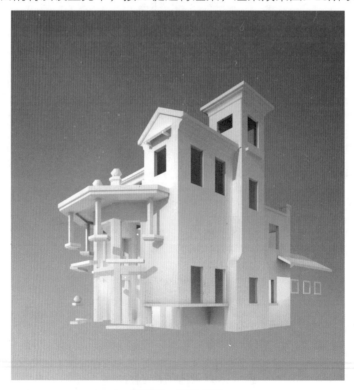

图9-18　渲染效果

9.2.3 玻璃材质的指定

❶ 选中玻璃材质，右键单击，选择"孤立当前选择"，将所选对象进行孤立，如图 9-19所示。

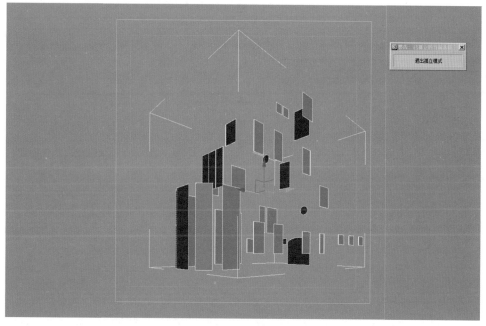

图9-19 孤立所选对象

❷ 修改材质的颜色。按M键打开"材质编辑器"，选择一个空白材质球，然后打开 "Blinn基本参数"卷展栏，将"环境光"和"漫反射"后的色块颜色改为蓝色，并将它 的"不透明度"改为15，如图9-20所示。

图9-20 修改材质颜色

❸ 由于玻璃在光的照射下会产生反射与折射，有高光和光泽度，所以要设置玻璃的 高光级别与光泽度，"高光级别"设为120，"光泽度"设为45，如图9-21所示。

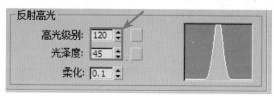

图9-21 设置高光级别和光泽度

❹ 给玻璃添加反射贴图。打开"贴图"卷展栏，然后勾选"反射"选项，单击后

面的None按钮，如图9-22（a）示。在弹出的"材质/贴图浏览器"窗口中选择"VR贴图"，如图9-22（b）所示。

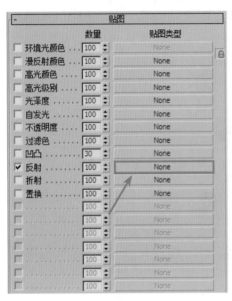

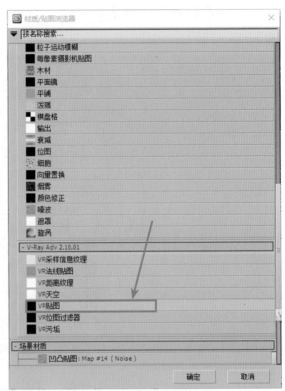

（a）单击"反射"后的None按钮　　　　　（b）选择"VR贴图"

图9-22　添加贴图

然后进入VR贴图界面，如图9-23所示，将其"过滤颜色"改为白色。

❺ 天空贴图设置完毕，下面进行渲染，渲染效果如图9-24所示。

图9-23　修改过滤颜色

图9-24　渲染效果

9.2.4　道路材质的设置

❶ 首先选择道路模型，右键单击，选择"孤立当前选择"，将所选物体进行孤立，便于后边的观察，如图9-25所示。

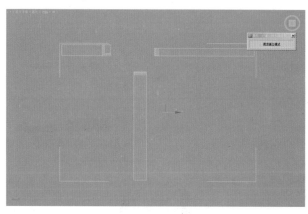

图9-25　孤立所选物体

❷ 按M键打开"材质编辑器"，选择一个空白材质球，然后单击"Blinn基本参数"卷展栏，单击"漫反射"后的空白按钮，如图9-26（a）所示。在弹出的"材质/贴图浏览器"窗口中选择"位图"，如图9-26（b）所示。

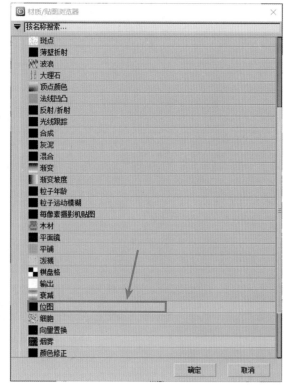

（a）单击"漫反射"后的空白按钮　　　　　　（b）选择"位图"

图9-26　添加贴图

在弹出的对话框中选择"9章\map\pd_101.jpg"文件，单击"打开"按钮，如图9-27（a）所示，效果图片如图9-27（b）所示。

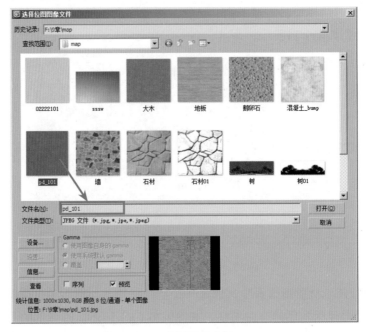

（a）选择图片文件

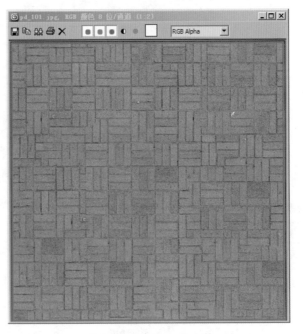

（b）"pd_101.jpg"文件

图9-27　选择贴图

❸ 给贴图添加凹凸效果。单击"贴图"卷展栏，勾选"凹凸"选项，然后单击"凹凸"后的None按钮，如图9-28（a）所示。在弹出的"材质/贴图浏览器"窗口中选择"位图"，如图9-28（b）所示。

（a）单击"凹凸"后的None按钮

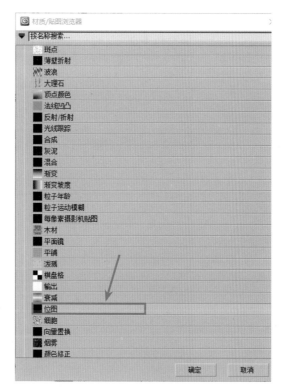

（b）选择"位图"

图9-28　添加贴图

在弹出的对话框中选择"9章\map\pd_101.jpg"文件，单击"打开"按钮，如图9-29（a），效果图片如图9-29（b）所示。

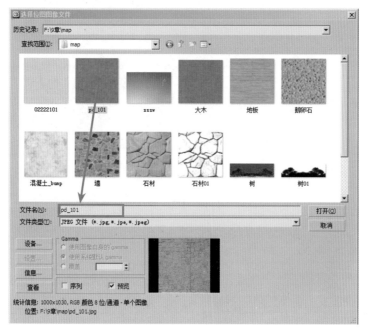

（a）选择图片文件

图9-29　选择贴图

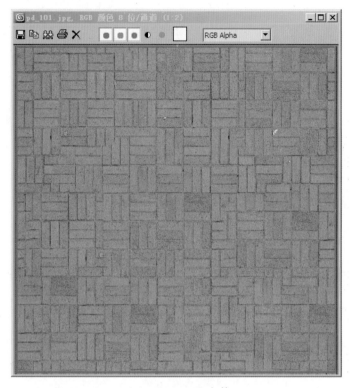

（b）"pd_jpg"文件

续图9-29

❹ 道路的材质添加后进行渲染，渲染效果如图9-30所示。

图9-30　渲染效果

9.2.5　地板材质的指定

❶ 单击地板模型，右键单击，选择"孤立当前选择"，将所选模型进行孤立，如图9-31所示。

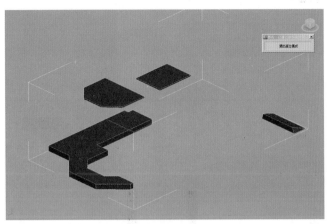

图9-31　孤立所选模型

❷ 按M键打开"材质编辑器"，选择一个空白材质球。单击"Blinn基本参数"卷展栏，单击"漫反射"后的空白按钮，如图9-32（a）所示。在弹出的"材质/贴图浏览器"窗口中选择"位图"，如图9-32（b）所示。

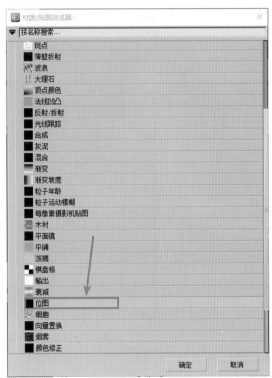

（a）单击"漫反射"后的空白按钮　　　　　　　　　　　（b）选择"位图"

图9-32　添加贴图

在弹出的对话框中选择"9章\map\Coral-walkway 拷贝.jpg"文件，单击"打开"按钮，如图9-33（a）所示，效果图片如图9-33（b）所示。

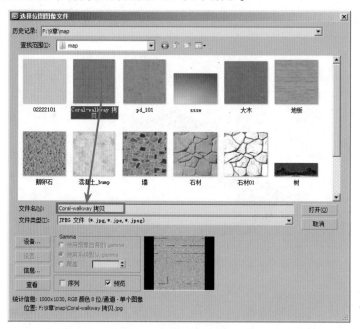

（a）选择图片文件

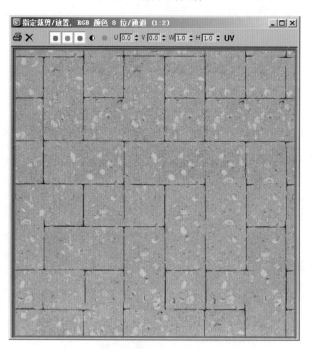

（b）"p3s Coral-walkwany拷贝.jpg"文件

图9-33　选择图片文件

❸ 给地板材质添加一个凹凸贴图。打开"贴图"卷展栏，勾选"凹凸"选项，然后单击"凹凸"后的None按钮，如图9-34（a）所示。在弹出的"材质/贴图浏览器"窗口中选择"位图"，如图9-34（b）所示。

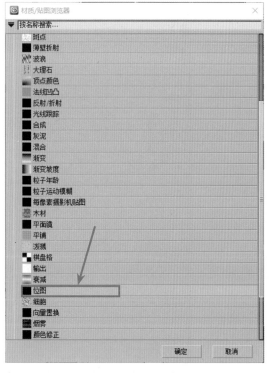

（a）单击"凹凸"后的None按钮　　　　　　　　（b）选择"位图"

图9-34　添加贴图

在弹出的对话框中选择"9章\map\Coral-walkway 拷贝.jpg"，单击"打开"命令，如图9-35（a）所示，效果图片如图9-35（b）所示。

（a）选择图片文件

图9-35　选择贴图

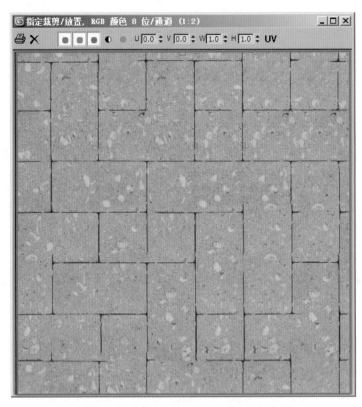

（b）"p3s Coral-walk way 拷贝.jpg"文件

续图9-35

❹ 材质赋予完毕，下面进行渲染，渲染效果如图9-36所示。

图9-36　渲染效果

9.2.6　鹅卵石路材质指定

❶ 单击鹅卵石模型，右键单击，选择"孤立当前选择"，将所选模型进行孤立，如图9-37所示。

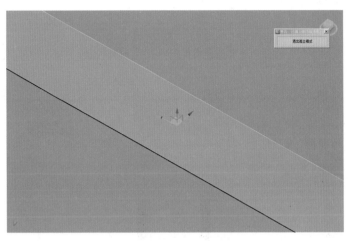

图9-37　孤立所选模型

❷ 下面赋予材质，按M键打开"材质编辑器"，选择一个空白材质球。单击"Blinn基本参数"卷展栏，单击"漫反射"后的空白按钮，如图9-38（a）所示。在弹出的"材质/贴图浏览器"窗口中选择"位图"，如图9-38（b）所示。

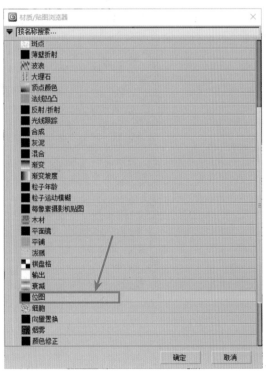

（a）单击"漫反射"后的空白按钮　　　　（b）选择"位图"

图9-38　添加贴图

在弹出的对话框中选择"9章\map\鹅卵石.jpg"文件，单击"打开"按钮，如图9-39（a）所示，效果图片如图9-39（b）所示。

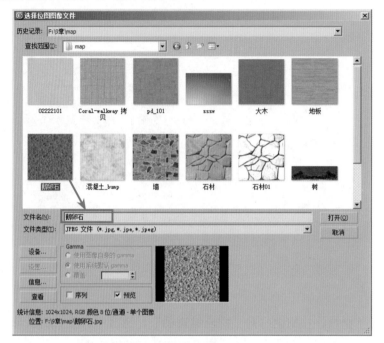

（a）选择图片文件

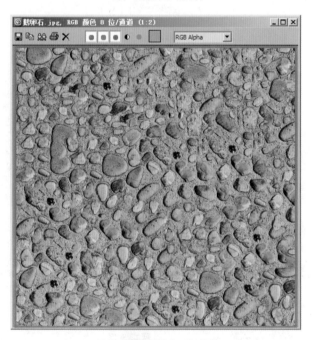

（b）"鹅卵石.jpg"文件

图9-39　选择贴图

❸ 给材质添加一个凹凸贴图。打开"贴图"卷展栏，勾选"凹凸"选项。单击"凹凸"后的None按钮，如图9-40（a）所示。在弹出的"材质/贴图浏览器"窗口中选择

"位图"，如图9-40（b）所示。

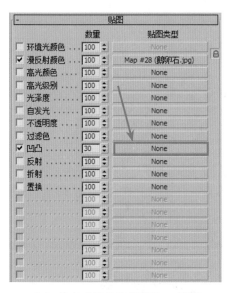

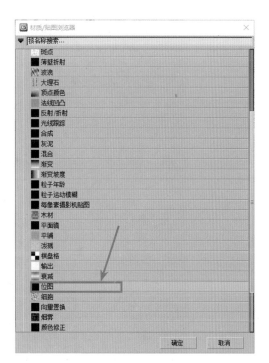

（a）单击"凹凸"后的None按钮　　　　（b）选择"位图"

图9-40　添加贴图

在弹出的对话框中选择"9章\map\鹅卵石.jpg"文件，单击"打开"按钮，如图9-41（a）所示，效果图片如图9-41（b）所示。

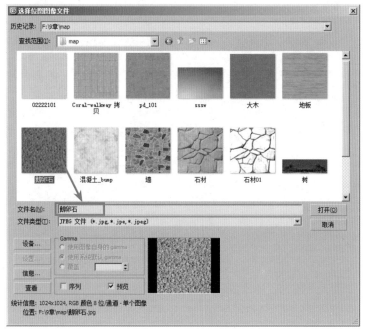

（a）选择图片文件

图9-41　选择贴图

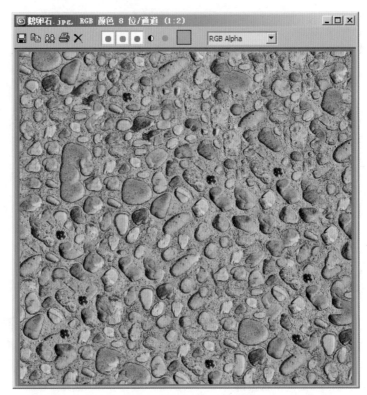

（b）"鹅卵石.jpg"文件

续图9-41

❹ 材质赋予完毕，下面进行渲染，渲染效果如图9-42所示。

图9-42 渲染效果

9.2.7 房顶材质的指定

❶ 单击房顶模型，右键单击，选择"孤立当前选择"命令，将所选模型进行孤立。按M键打开"材质编辑器"，选择一个空白材质球，下面添加材质。打开"Blinn基本参数"卷展栏，将"环境光"与"漫反射"的颜色改为如图9-43所示。

❷ 修改"高光级别"与"光泽度"。房顶的瓦片有一定的高光反应，参数设置如图9-44所示。

图9-43 修改颜色

图9-44 "反射高光"设置

❸ 添加贴图。单击"漫反射"后的空白按钮。在弹出的"材质/贴图浏览器"窗口中选择"位图"，如图9-45所示。

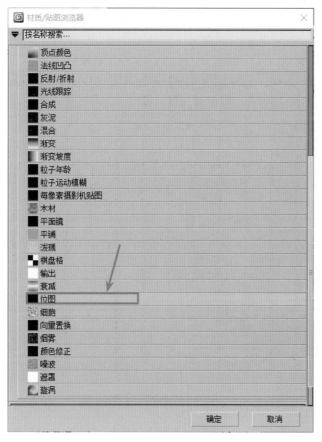

图9-45 选择"位图"

在弹出的对话框中选择"9章\map\瓦02.jpg"，单击"打开"按钮，如图9-46（a）所示。图片效果如图9-46（b）所示。

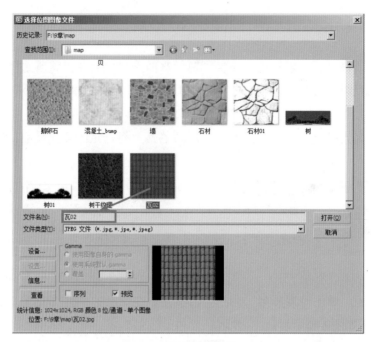

（a）选择图片文件

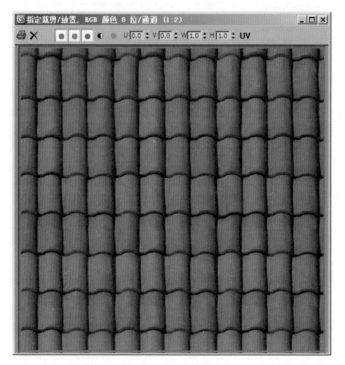

（b）"瓦02"文件

图9-46　选择位图

❹ 下面给瓦片添加凹凸贴图。打开"贴图"卷展栏，勾选"凹凸"贴图，单击"凹凸"后的None按钮，如图9-47（a）所示。在弹出的"材质/贴图浏览器"窗口中选择"位图"，如图9-47（b）所示。

(a) 单击"凹凸"后的None按钮

(b) 选择"位图"

图9-47 添加位图

在弹出的对话框中选择"9章\map\瓦02.jpg"文件，单击"打开"按钮，如图9-48（a）所示，图片效果如图9-48（b）所示。

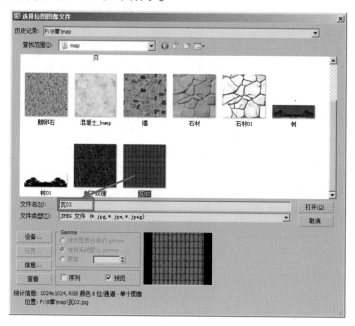

(a) 选择图片文件

图9-48 选择位图

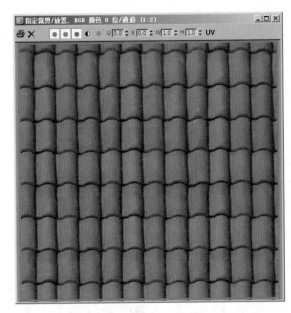

（b）"瓦02"文件

续图9-48

❺ 房顶的材质赋予完毕，下面进行渲染，渲染效果如图9-49所示。

图9-49　渲染效果

9.2.8　木头材质的指定

❶ 单击选择木头模型，右键单击，选择"孤立当前选择"，将所选对象进行孤

立。下面添加材质。按M键打开"材质编辑器"，选择一个空白材质球，单击右上角的
Standard按钮，如图9-50所示。

图9-50 单击Standard按钮

在弹出的"材质/贴图浏览器"窗口中选择"VR材质"，如图9-51所示。

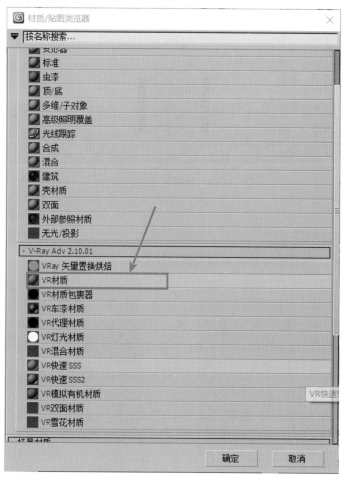

图9-51 选择"VR材质"

❷ 进入VR材质界面。给漫反射添加一个贴图，单击"漫反射"后的空白按钮，如
图9-52（a）所示。在弹出的"材质/贴图浏览器"窗口中选择"位图"，在弹出的对话框
中选择"9章\map\大木"，单击"打开"按钮，如图9-52（b）所示。

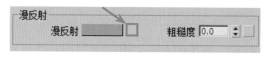

（a）单击"漫反射"后的空白按钮

图9-52 添加对应文件

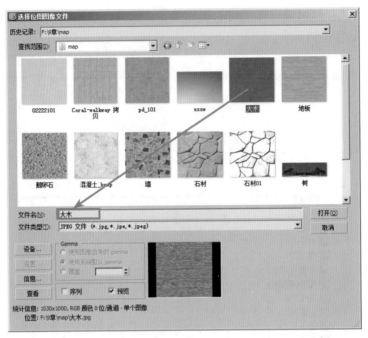

（b）选择对应文件

续图9-52

材质贴图如图9-53所示。

最后进行渲染，渲染效果如图9-54所示。

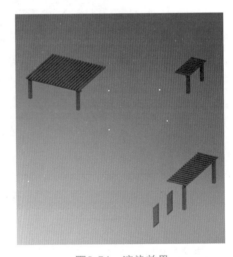

图9-53　材质贴图

图9-54　渲染效果

9.2.9　渲染设置

按F10键打开"渲染设置：V-Ray Adv 2.10.01"窗口，选择V-Ray→"V-Ray::环境"卷展栏，修改"全局照明环境（天光）覆盖"设置，勾选"开"，将"颜色"改为"淡蓝色"，"倍增器"为1.0，如图9-55所示。

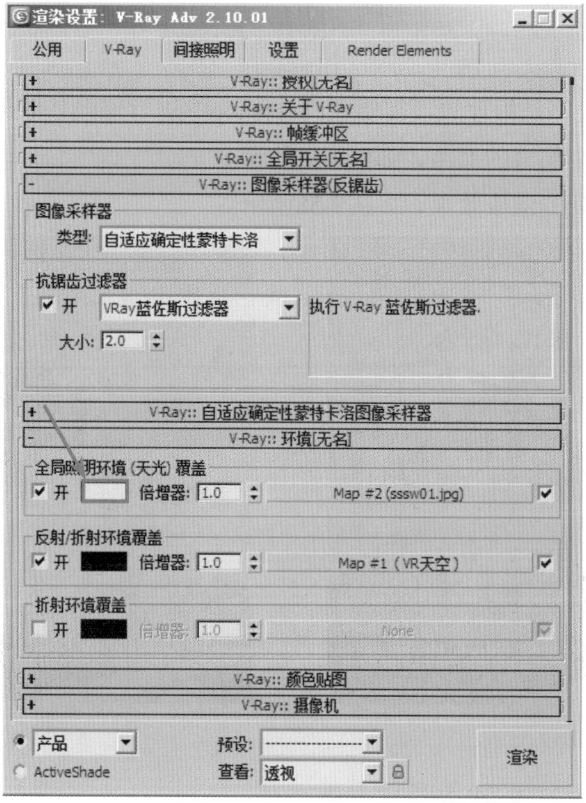

图9-55　渲染设置

灯光、材质与渲染设置都设置完毕，最后进行渲染，按快捷键C将视口转到摄像机视口，然后按F9键进行渲染，渲染效果如图9-56所示。

图9-56　渲染效果

9.2.10　在Photoshop软件中进行调整

渲染完成后效果不是很理想，需要在Photoshop中进行修改使效果更加明显。

❶ 加重天空上半部分的颜色，如图9-57所示。

❷ 加强建筑景观的渲染效果，如图9-58所示。

图9-57　加重天空上半部分颜色

图9-58　加重建筑景观渲染效果

❸ 提亮草地部分，如图9-59所示。

❹ 加重整体色调，最终结果如图9-60所示。

图9-59　提亮草地部分

图9-60　加重整体色调

9.3　小结

本案例主要讲述了制作别墅一角在傍晚时分的景象的方法。傍晚时的阳光与地平线夹角较小，物体影子较长，阳光为暖色。案例的构图采用了经常使用的黄金比例，黄金比例的概念在案例概述中已进行了详细讲述。接下来进行灯光的设置，利用目标平行光来模拟阳光照射，颜色为暖黄色，角度较小，并且启用VRay阴影，加大聚光区和衰减区。第二部分材质指定时，分别对墙面、玻璃、道路、地板、鹅卵石路面、房顶和木头进行材质指定。指定墙面材质时，要给墙面加上环境光和漫反射的颜色，并给漫反射和凹凸贴图分别加一个位图。指定玻璃材质时，首先改变环境光和漫反射的颜色，并调整高光级别和光泽度的值，最后给反射添加一个VR贴图。指定道路、地面和鹅卵石的材质，分别对漫反射和凹凸添加一个位图贴图；设定房顶材质时，要改变环境光和漫反射的颜色，然后改变高光级别和光泽度，最后给漫反射和凹凸添加贴图。木头材质中用到了VR材质。第三部分渲染设置，需要在其中改变天光的颜色。最后在Photoshop中添加相关素材并调整色调等。

9.4 习题

选择题

（1）黄金分割的比值为（   ）。

A. 0.618   B. 0.318   C. 0.6   D. 0.3

（2）傍晚时分的光线颜色设置为（   ）。

A. 白色   B. 蓝色   C. 暖黄色   D. 淡蓝色

（3）目标平行光光线集中的区域为（   ）。

A. 聚光区/光束   B. 衰减区/光束

C. 近距衰减   D. 远距衰减

（4）设置墙面材质时，应给漫反射添加一个（   ）贴图。

A. 位图   B. VR贴图   C. 棋盘格   D. 细胞

（5）设置玻璃材质时，漫反射与环境光的颜色应设置为（   ）。

A. 蓝色   B. 黄色   C. 不设置   D. 白色

（6）玻璃材质中的反射贴图应为（   ）。

A. 位图   B. VR贴图   C. 细胞贴图   D. 平铺

（7）在玻璃的反射贴图中，"参数"卷展栏中的过滤颜色应为（   ）。

A. 白色   B. 蓝色   C. 灰色   D. 黄色

（8）给木头模型指定材质时，应该使用的材质类型为（   ）。

A. Standard   B. VR材质   C. VR代理材质   D. VR双面材质

（9）木头材质赋予中，应给漫反射添加一个（   ）贴图。

A. 棋盘格   B. 细胞   C. 位图   D. VR贴图

（10）在渲染设置中，全局光的颜色应该为（　　）。

A. 黄色 　　　　　B. 白色 　　　　　C. 淡蓝色 　　　　　D. 灰色

9.5　答案

（1）A（2）C（3）A（4）A（5）B（6）B（7）A（8）B（9）C（10）C

数 字 · 景 观 · 表 现

第三篇

综合实践

第10章 建筑一角

项目实践学时

4

教 学 目 的————
通过综合性案例的学习来了解动画中场景的数字化设计与表现的思路。

教 学 内 容————
以"建筑一角"为例，谈小场景景观的设计与数字化实践。

10.1 案例简介

本案例要制作夕阳西下时的建筑物一角的景观，主要讲述各种材质的制作与渲染的方法，最终渲染结果如图10-1所示。黄昏时分太阳西沉，阳光与水平线夹角较小，树叶凋落，这是秋天的景象，玻璃反射周围的景物，天空为湛蓝色。

图10-1 渲染结果

10.2 制作步骤

打开"10章\max\无材质.max"文件，如图10-2所示。

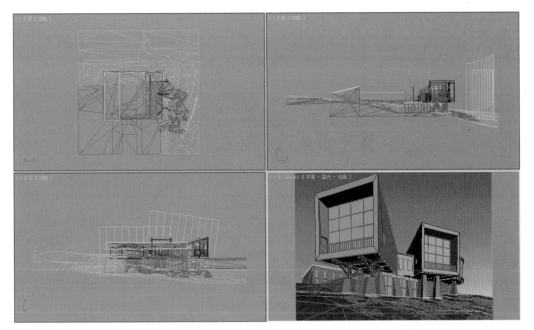

图10-2 "无材质.max"文件

下面对建筑物的各部分内容分别进行设定。

10.2.1 材质设定

1. 石材墙面的制作

❶ 单击前视口,按Alt+W快捷键将所选视口最大化,选择墙面并右键单击,弹出对话框如图10-3所示,选择"孤立当前选择",将所选的墙面进行孤立。

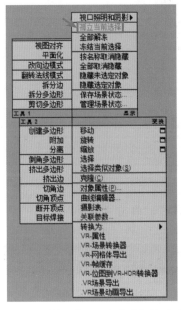

图10-3 选择"孤立当前选择"命令

孤立后如图10-4所示。

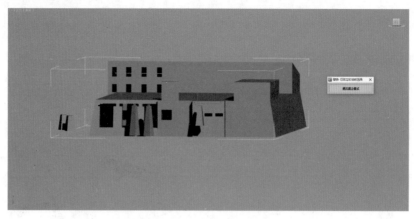

图10-4　孤立后效果

❷ 按M键打开"材质编辑器"，选择一个空白材质球，然后单击Standard命令，在弹出的"材质/贴图浏览器"窗口中选择VRayMtl，单击"确定"按钮，如图10-5所示。

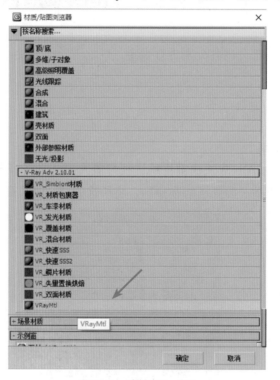

图10-5　选择VRayMtl

❸ 打开"基本参数"卷展栏，单击"漫反射"后的空白按钮，如图10-6所示。

图10-6　单击"漫反射"后的空白按钮

❹ 在弹出"材质/贴图浏览器"窗口中选择"位图",如图10-7(a)所示。然后在打开的对话框中选择"石材.jpg",单击"打开"按钮,如图10-7(b)所示。

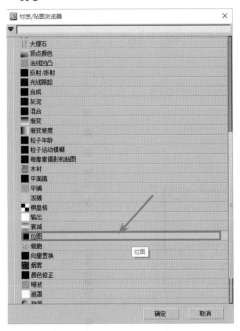

（a）选择"位图"

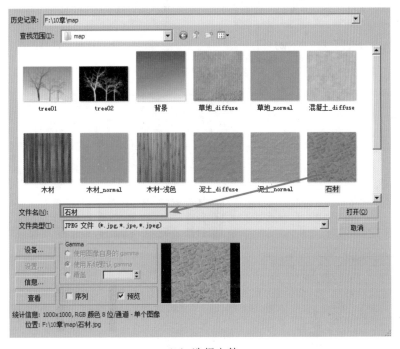

（b）选择文件

图10-7 选择位图图像文件

❺ 单击"返回父级对象"按钮,回到原来的界面,然后打开"贴图"卷展栏,单击"凹凸"后的None按钮,如图10-8(a)所示,在弹出的"材质/贴图浏览器"窗口中选

择"法线凹凸",如图10-8(b)所示。

❻ 进入法线凹凸面板,打开"参数"卷展栏,单击"法线"后的None按钮,如图10-9(a)所示,在弹出的"材质/贴图浏览器"窗口中选择"位图",单击"确定"按钮,然后在出现的对话框中选择"石材_normal.jpg",单击"打开"按钮,如图10-9(b)所示。

（a）单击"凹凸"后的None按钮

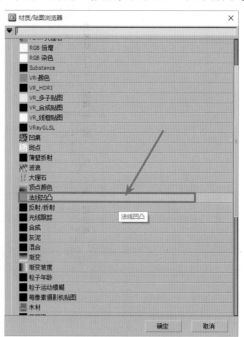

（b）选择"法线凹凸"

图10-8　贴图设置

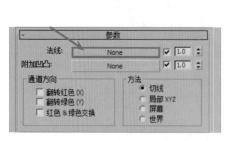

（a）单击"法线"后的None按钮

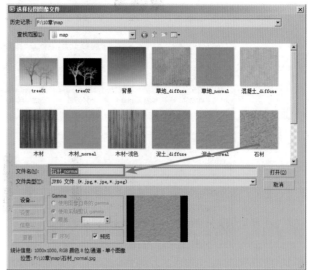

（b）选择位图文件

图10-9　选择位图图像文件

❼ 最后将材质赋予所选的建筑物墙面,效果如图10-10所示,墙面石材就设置好了。

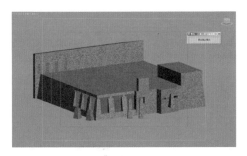

图10-10　效果图

2. 木材墙面的制作

下面进行木材墙面材质的设定，首先选择墙面，右键单击，选择"孤立当前选择"，将所选的墙面进行孤立，如图10-11所示。

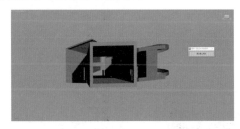

图10-11　孤立后效果

❶ 按M键打开"材质编辑器"，选择一个空白材质球，然后单击Standard按钮。在弹出的"材质/贴图浏览器"窗口中选择VRayMtl，如图10-12所示。

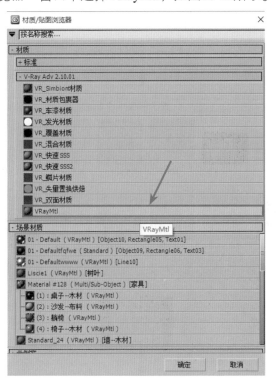

图10-12　选择VRayMtl

❷ 打开"基本参数"卷展栏,单击"漫反射"后的空白按钮,如图10-13(a)所示,给漫反射添加一个贴图。在弹出的"材质/贴图浏览器"窗口中选择"位图",如图10-13(b)所示。

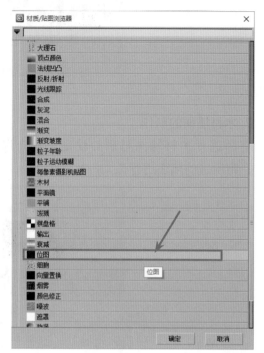

(a)单击"漫反射"后的空白按钮　　　　　　　(b)选择"位图"

图10-13　选择位图

❸ 在弹出的对话框中选择"木材.jpg"文件,单击"打开"按钮,如图10-14所示。

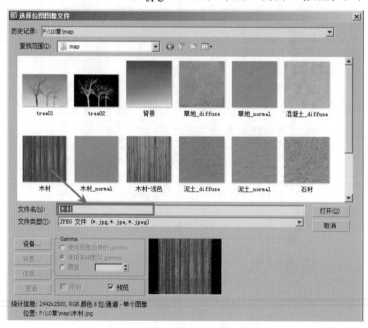

图10-14　选择"木材.jpg"文件

❹ 在"反射"栏中,将"反射光泽度"改为0.6,如图10-15所示。

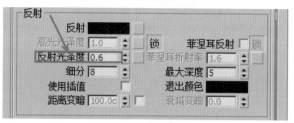

图10-15 设置"反射光泽度"值

❺ 打开"贴图"卷展栏,单击"凹凸"后的None按钮,如图10-16(a)所示,然后在弹出的"材质/贴图浏览器"窗口中选择"法线凹凸",如图10-16(b)所示。

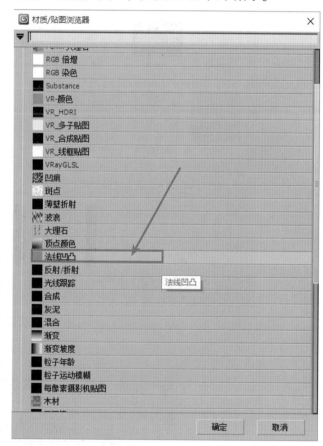

(a)单击"凹凸"后的None按钮　　　　　　(b)选择"法线凹凸"

图10-16 贴图设置

❻ 进入法线凹凸界面,打开"参数"卷展栏,单击"法线"后的None按钮,如图10-17(a)所示,在弹出的"选择位图图像文件"窗口中选择"木材_normal.jpg",单击"打开"按钮,如图10-17(b)所示。

❼ 单击"返回父级对象"按钮回到父级,将材质赋予指定对象,效果如图10-18所示。

（a）单击"法线"后的None按钮

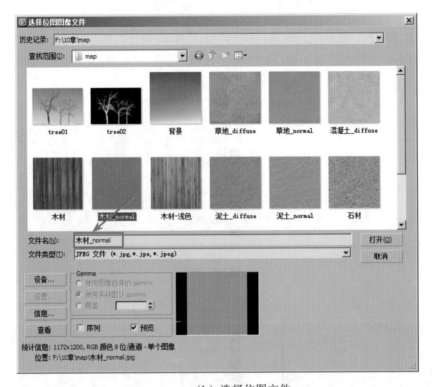

（b）选择位图文件

图10-17　选择位图图像文件

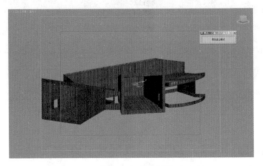

图10-18　效果图

3. 木材内墙

❶ 在材质编辑器中选择一个空白材质球，然后单击Standard按钮，在弹出的"材质/贴图浏览器"窗口中选择VRayMtl，如图10-19所示。

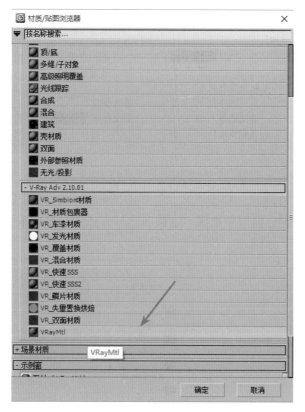

图10-19　选择VRayMtl

❷ 单击打开"基本参数"卷展栏，然后单击"漫反射"后的空白按钮，如图10-20（a）所示，在弹出的"选择位图图像文件"窗口中选择位图，并在选择框中选择"木材-浅色.jpg"文件，单击"打开"按钮，如图10-20（b）所示。

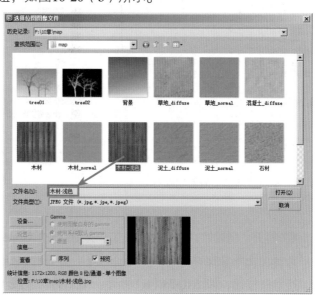

（a）单击"漫反射"后的空白按钮　　　　　　　　（b）选择位图文件

图10-20　选择位图图像文件

❸ 将"反射"栏的"反射光泽度"改为0.6，如图10-21所示。

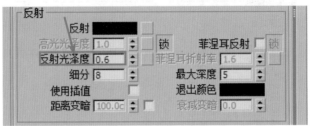

图10-21　修改"反射光泽度"的值

❹ 打开"贴图"卷展栏，单击"凹凸"后的None按钮，如图10-22（a）所示，在弹出的"材质/贴图浏览器"窗口中选择"法线凹凸"，如图10-22（b）所示。

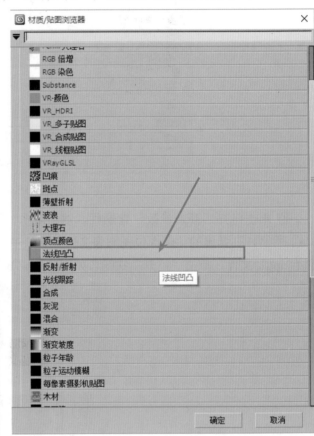

（a）单击"凹凸"后的Nnoe按钮　　　　　　　　（b）选择"法线凹凸"

图10-22　贴图设置

❺ 打开"参数"卷展栏，单击"法线"后的None按钮，如图10-23（a）所示。在弹出的"选择位图图像文件"窗口中选择位图，并在对话框中选择"木材_normal.jpg"文件，单击"打开"按钮，如图10-23（b）所示。最后将材质赋予指定物体，墙内木材就设置好了。

4. 窗框材质指定

❶ 选择窗框，右键单击，将所选的窗框进行孤立，如图10-24所示。

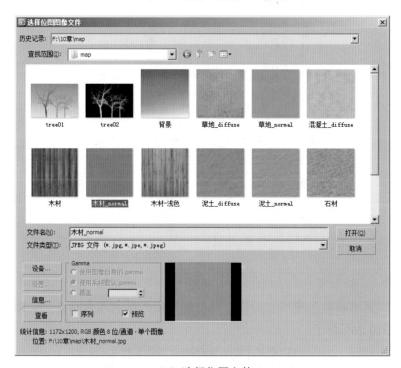

（a）单击"法线"后的None按钮

（b）选择位图文件

图10-23 选择位图图像文件

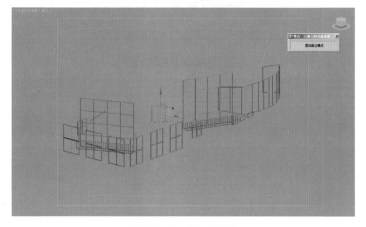

图10-24 孤立窗框

❷ 窗框只需要设定一个颜色就可以了。按M键打开"材质编辑器"，选择一个空白材质球，单击右上角的Standard按钮，在弹出的"材质/贴图浏览器"窗口中选择

VRayMltl，如图10-25所示。

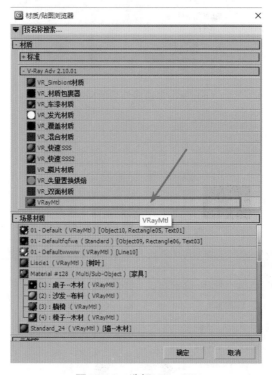

图10-25　选择VRayMtl

❸ 打开"基本参数"卷展栏，将"漫反射"后的颜色改为暗红色，RGB值为111、51、51，如图10-26所示。

图10-26　设置"漫反射"颜色

❹ 最后将材质赋予窗框即可，效果如图10-27所示。

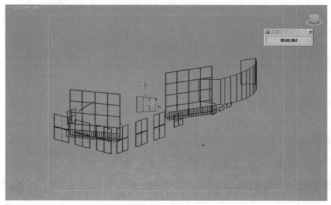

图10-27　效果图

5. 玻璃材质指定

❶ 选择建筑物的玻璃材质，按M键选择一个空白材质球，然后单击Standard按钮，在弹出的"材质/贴图浏览器"窗口中选择VRayMtl，如图10-28所示。

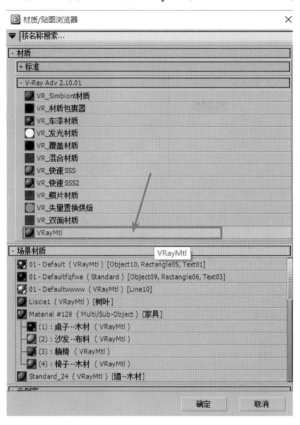

图10-28 选择VRayMtl

❷ 打开"基本参数"卷展栏，单击"漫反射"后的颜色块，将颜色改为黑色，如图10-29所示。

图10-29 修改"漫反射"颜色

❸ 然后在"反射"区域内，将"反射光泽度"的值改为0.98，如图10-30所示。

图10-30 设置"反射光泽度"的值

❹ 在"折射"区域内,将"折射"后的颜色块改为白色,如图10-31所示。然后将材质赋予指定对象即可。

6. 金属顶材质指定

❶ 选择金属顶,右键单击,选择"孤立当前选择",将所选对象进行孤立,如图10-32所示。

图10-31 设置"折射"的颜色

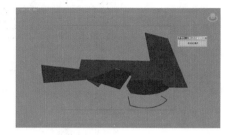

图10-32 孤立所选对象

❷ 按M键打开"材质编辑器",然后单击Standard按钮,在弹出的"材质/贴图浏览器"中选择VRayMtl,如图10-33所示。

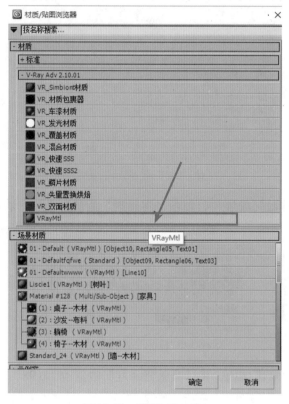

图10-33 选择VRayMtl

❸ 打开"基本参数"卷展栏,在"漫反射区"域内,将"漫反射"后的颜色块改为蓝灰色,如图10-34所示。

❹ 在"反射"区域,将"反射"后的颜色块改为蓝灰色,并将"反射光泽度"改为0.6,如图10-35所示。

图10-34 设置"漫反射"颜色

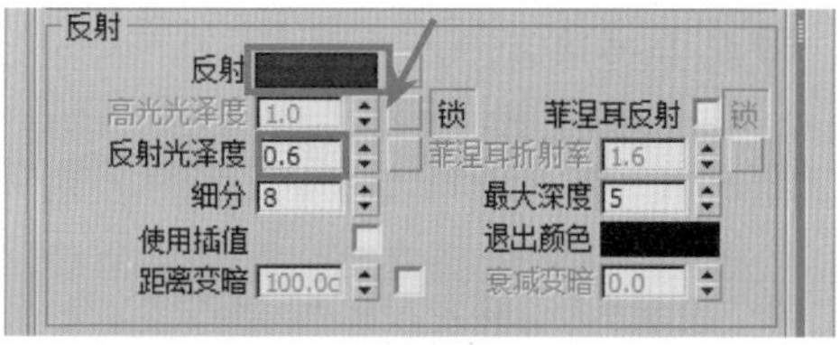

图10-35 设置"反射"参数

❺ 材质就设定好了，最后将设定好的材质赋予指定对象，效果如图10-36所示。

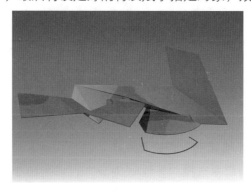

图10-36 效果图

7. 金属灯材质的指定

❶ 选择金属灯，右键单击，选择"孤立当前选择"，如图10-37所示。

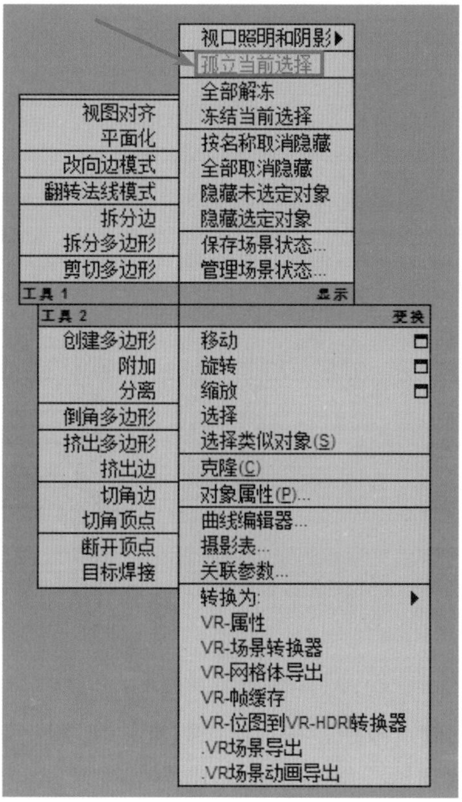

图10-37 选择"孤立当前选择"

❷ 孤立后的金属灯如图10-38所示。

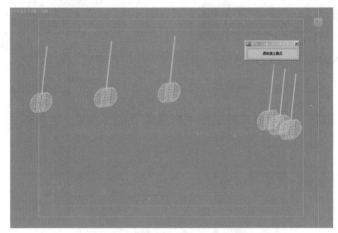

图10-38 孤立后的金属灯

❸ 按M键打开"材质编辑器",选择一个空白材质球,单击Standard按钮,在弹出的"材质/贴图浏览器"窗口中选择"多维/子对象",如图10-39所示。

❹ 材质转变为多维材质,界面如图10-40所示。

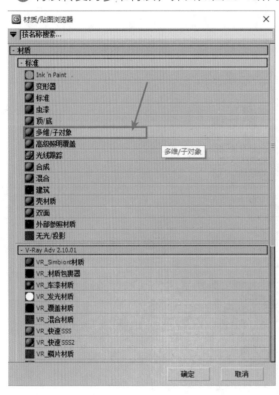

图10-39 选择"多维/子对象"

图10-40 转变为多维材质

❺ 然后单击"设置数量"按钮,将"材质数量"改为3,如图10-41所示。

❻ 单击进入第一个材质球,单击Standard按钮,在弹出的"材质/贴图浏览器"窗口中选择VRayMtl,如图10-42所示。

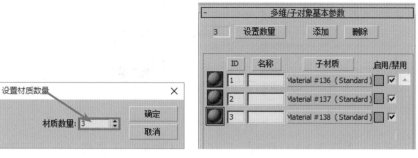

图10-41　修改材质数量

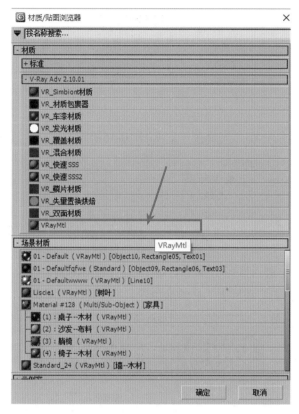

图10-42　选择VRayMtl

❼ 打开"基本参数"卷展栏，在"漫反射"区域将"漫反射"后的颜色块改为蓝灰色，如图10-43所示。

图10-43　修改"漫反射"颜色

❽ 然后在"反射"区域中，将"反射"后的颜色块改为白色，将"反射光泽度"改为0.7，如图10-44所示。

图10-44　设置反射参数

❾ 回到父级，单击第2个材质球，打开"基本参数"卷展栏，将"环境光"和"漫反射"的颜色改为白色，并将"不透明度"改为60，如图10-45所示。

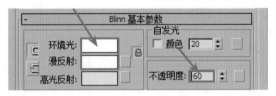

图10-45　设置"Blinn参数"

❿ 设置"高光级别"和"光泽度"，如图10-46所示。

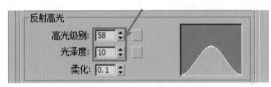

图10-46　反射高光设置

⓫ 回到父级，单击进入第3个子材质，单击右上角的Standard按钮，选择VRayMtl材质。打开"参数"卷展栏，单击"漫反射"后的颜色块，将颜色改为淡黄色，如图10-47所示。

图10-47　设置"漫反射"颜色

⓬ 最后将设置好的材质赋予指定金属灯，效果如图10-48所示。

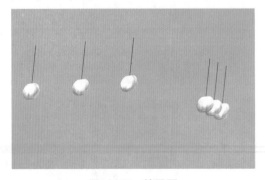

图10-48　效果图

8. 树叶材质

❶ 单击选择树叶模型，右键单击，选择"孤立当前选择"，将所选树叶模型孤立出来，如图10-49所示。

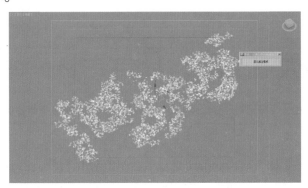

图10-49　孤立树叶模型

❷ 按M键选择一个空白材质球，单击Standard按钮，在弹出的"材质/贴图浏览器"窗口中选择"多维/子对象"，如图10-50（a）所示。"多维/子对象基本参数"如图10-50（b）所示。

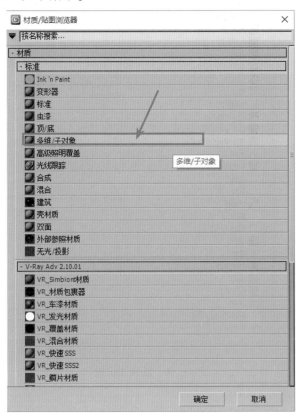

（a）选择"多维/子对象"　　　　　　　（b）参数设置

图10-50　贴图设置

❸ 单击"设置数量"按钮，将"材质数量"设为2，如图10-51（a）所示，最后基本

参数如图10-51（b）所示。

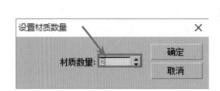

（a）设置"材质数量"　　　　　　　　（b）基本参数情况

图10-51　设置材质数量

❹ 单击第1个材质球，将Standard材质改为VRayMtl材质。打开"基本参数"卷展栏，在"漫反射"区域将"漫反射"后的颜色块改为白色，如图10-52（a）所示。单击后面的空白按钮，在弹出的"材质/贴图浏览器"窗口中选择"位图"，如图10-52（b）所示。

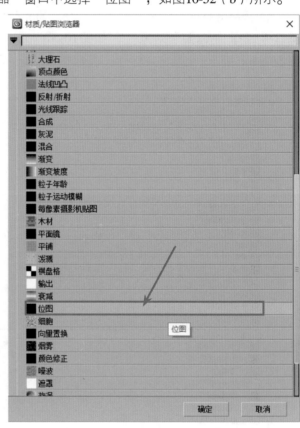

（a）设置"漫反射"颜色　　　　　　　　（b）选择"位图"

图10-52　参数设置

❺ 在弹出的对话框中选择"树叶_diffuse.jpg"文件，单击"打开"按钮，如图10-53所示。

❻ 然后打开"贴图"卷展栏，将"漫反射"后的值改为85。单击"凹凸"后的None按钮，如图10-54所示。

❼ 在弹出的"材质/贴图浏览器"窗口中选择"法线凹凸",如图10-55所示。

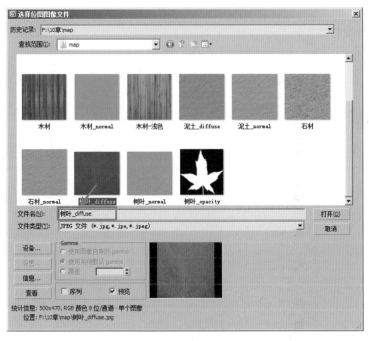

图10-53　选择相应文件

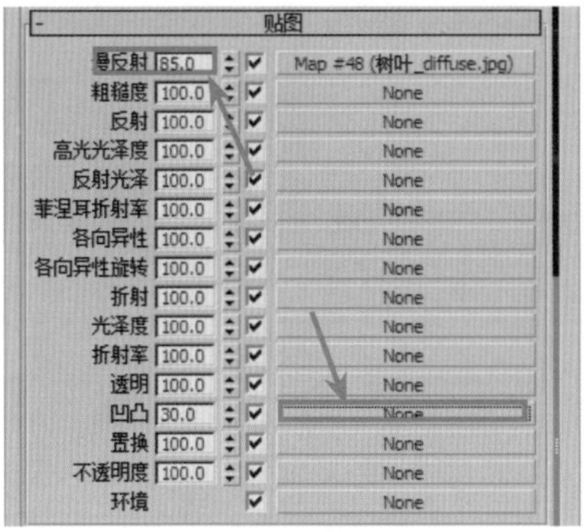

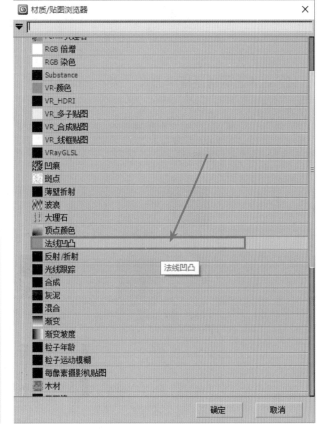

图10-54　贴图设置

图10-55　选择"法线凹凸"

⑧ 然后打开"法线贴图"的参数卷展栏，单击"法线"后的None按钮，在弹出的"材质/贴图浏览器"窗口中选择"位图"，如图10-56所示。

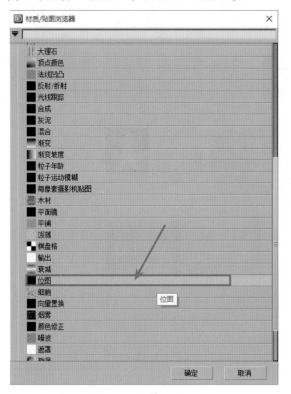

图10-56　选择"位图"

⑨ 在弹出的对话框中选择"树叶_normal.jpg"文件，单击"打开"按钮，如图10-57所示。

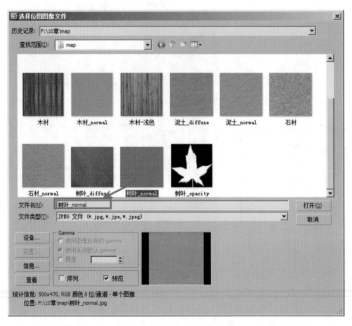

图10-57　选择相应文件

⑩ 返回父级，单击"不透明度"后的None按钮，如图10-58（a）所示。在弹出的对话框中选择"树叶_opacity.jpg"文件，单击"打开"按钮，如图10-58（b）所示。

（a）单击"不透明度"后的None按钮

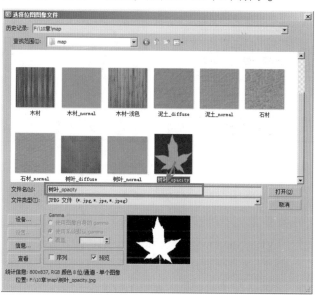

（b）选择位图文件

图10-58 选择位图图像文件

⑪ 单击进入第2个材质球，单击右上角的Standard按钮，在弹出的"材质/贴图浏览器"窗口中选择VRayMtl。

⑫ 最后将材质赋予所选对象，效果如图10-59所示。

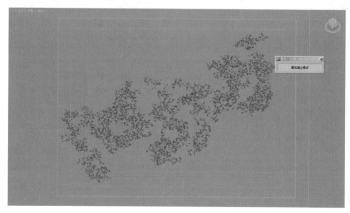

图10-59 效果图

10.2.2 灯光设置

❶ 单击"退出孤立模式"按钮，按F快捷键回到前视口，然后在右上角的命令面板中单击"创建"按钮，单击"灯光"按钮，并选择"目标平行光"，如图10-60所示。

❷ 在软件的前视口单击并进行拖曳，如图10-61所示。

图10-60 选择"目标平行光"　　　　　　图10-61 单击并拖曳

❸ 选择所创建的灯光，单击命令面板中的"修改"，打开"常规参数"卷展栏，勾选"阴影"下的"启用"复选框，然后选择VRayShadow阴影选项，如图10-62所示。

❹ 打开"强度/颜色/衰减"卷展栏，将"倍增"强度改为1.0，"颜色"为淡黄色，如图10-63所示。

❺ 打开VRayShadows params卷展栏，勾选"透明阴影"复选项，将"偏移"改为0.2，将"细分"值设为8，如图10-64所示，灯光的参数就设置好了。

图10-62 参数设置

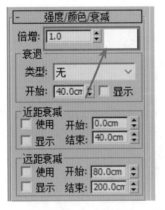

图10-63 "强度/颜色/衰减"设置

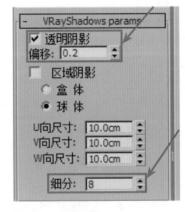

图10-64 VRayShadows params设置

10.2.3 渲染设置

❶ 按F10键打开渲染设置。单击"VR_基项"一项，打开"VRay::环境"卷展栏，打开"全局照明环境（天光）覆盖"，并给"反射/折射环境覆盖"添加一个位图，单击后面的None按钮，如图10-65所示。

❷ 在弹出的"材质/贴图浏览器"窗口中选择"位图"，然后在对话框中选择"背景.jpg"文件，单击"打开"按钮，如图10-66所示。

186

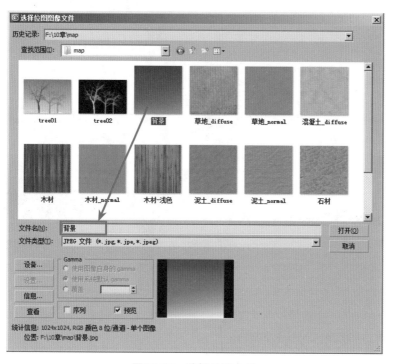

图10-65 渲染设置

图10-66 选择位图文件

❸ 最后按快捷键C，将视口变为摄像机视口，进行渲染，渲染效果如图10-67所示。

图10-67　渲染效果

10.2.4　在Photoshop中进行修改

❶ 首先给图片添加一些素材，素材如图10-68所示。

图10-68　添加素材

❷ 加入图片后效果如图10-69所示。

❸ 最后进行调色，结果如图10-70所示。

图10-69　加入图片后效果

图10-70　调色后效果

10.3　小结

本案例主要讲述了日景下建筑物一角的景象，详细分析了材质指定和渲染设置两个方面。材质指定有石材墙面、木材墙面、木材内墙、窗框、玻璃材质、金属顶、金属灯和树叶材质的指定。这几种材质的指定都用到了VRayMtl材质，石材墙面材质主要给漫反射加贴图，然后给凹凸添加一个法线凹凸。木材墙面材质与石材墙面大致相同，需要再设置一个反射光泽度，设为0.6。木材内墙与木材墙面的材质指定方式一致。窗框材质主要是颜色的设置，颜色为暗红色。玻璃材质主要设置漫反射的颜色、反射光泽度和折射颜色。金属顶也不需要添加贴图，只需要漫反射、反射的颜色和反射光泽度。金属灯和树叶材质都用到了"多维/子对象"。最后渲染设置时，需要给环境中的反射加背景贴图，将全局光的颜色设为蓝色。

10.4　习题

选择题

（1）给石材墙面添加凹凸贴图时，应该加（　　）贴图。

A. 位图　　　　　　　B. 法线凹凸　　　　　　C. 噪波　　　　　　　D. 渐变

（2）给木材墙面设置反射光泽度时，应设置为（　　）

A. 1　　　　　　　　B. 0.6　　　　　　　　C. 0.7　　　　　　　　D. 0.3

（3）对窗框的材质设定中，应将颜色设为（　　）

A. 暗红色　　　　　　B. 蓝色　　　　　　　　C. 灰色　　　　　　　D. 白色

（4）设置玻璃材质时，应将漫反射的颜色改为（　　）

A. 黑色　　　　　　　B. 白色　　　　　　　　C. 灰色　　　　　　　D. 蓝色

（5）玻璃材质的反射光泽度为（　　）

A. 0.6　　　　　　　B. 0.7　　　　　　　　C. 0.8　　　　　　　　D. 0.98

（6）玻璃的折射颜色应设为（　　）

A. 白色　　　　　　　B. 黑色　　　　　　　　C. 灰色　　　　　　　D. 蓝色

（7）金属顶材质指定中，应将漫反射颜色改为（　　）

A. 灰色　　　　　　　B. 黑色　　　　　　　　C. 蓝灰色　　　　　　D. 白色

（8）金属顶的材质设置的反射光泽度应为（　　）

A. 0.7　　　　　　　B. 0.6　　　　　　　　C. 0.8　　　　　　　　D. 0.98

（9）金属灯的材质类型为（　　）

A. 多维/子对象　　　B. 标准材质　　　　　　C. 合成　　　　　　　D. VRayMtl

（10）金属灯的材质指定中，应将漫反射颜色设为（　　）

A. 淡黄色　　　　　　B. 白色　　　　　　　　C. 灰色　　　　　　　D. 黑色

10.5　答案

（1）A（2）B（3）A（4）A（5）D（6）A（7）C（8）B（9）A（10）A

第11章 水景别墅

教学目的 ————————
通过综合性案例的学习来了解动画中场景的数字化设计与表现的思路。
教学内容 ————————
以"水景别墅"为例,谈水景景观的设计与数字化实践。

11.1 案例简介

本案例主要讲述了天气晴朗时,带有游泳池的建筑物一角的景象。摄像机视点从池塘出发,远处是白色的建筑物,再远处是天空,天空中有白云,池塘中倒映出了建筑物和天空,波光粼粼,景物拍摄的时间是白天,如图11-1所示。

图11-1 水景别墅效果

本案例主要讲述了水面即池塘水面的制作、室内地面产生GI、玻璃反射的设置方法、墙面材质的制作等。

11.2.1　水面制作

❶ 打开"11章\max\无材质.max"文件，如图11-2所示。

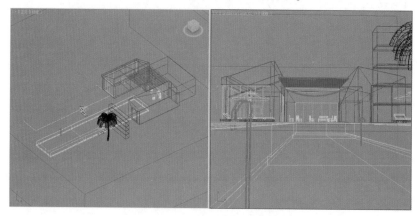

图11-2　"无材质.max"文件

❷ 右键单击正交视口，然后按快捷键**Alt+W**将所选视口最大化，按**F3**键将物体转化为实体形式，如图11-3所示。

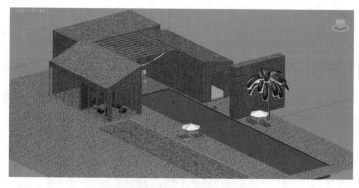

图11-3　物体转化为实体形式

❸ 选择池塘水面的物体，右键单击，选择"孤立当前选择"，将所选物体孤立出来，如图11-4所示。

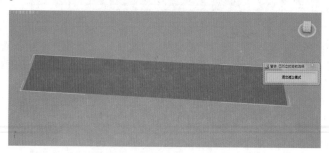

图11-4　选择"孤立当前选择"

④ 按M键打开"材质编辑器"，选择一个空白材质球，然后单击Standard按钮，在弹出的"材质/贴图浏览器"窗口中选择选择"VR材质"，如图11-5所示。

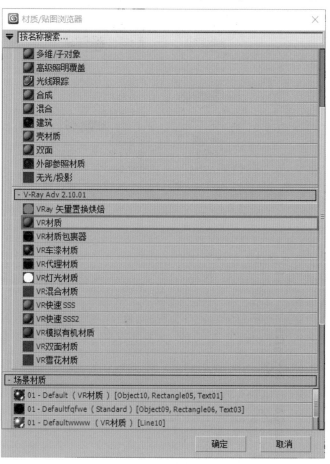

图11-5　选择VR材质

⑤ 打开"基本参数"卷展栏，将"漫反射"后的颜色块改为蓝色，使水面的漫反射颜色为蓝色，如图11-6所示。

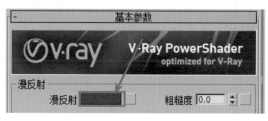

图11-6　修改"漫反射"颜色

⑥ 在"反射"区域内，将"反射"后的颜色块改为灰色，并将"反射光泽度"改为0.98。在"折射"区域内，将"折射"后的颜色块改为蓝灰色，如图11-7所示。

⑦ 然后给水面添加一个凹凸贴图，使水面更加真实。打开"参数"卷展栏，单击"凹凸"后面的None按钮，在弹出的"材质/贴图浏览器"窗口中选择"位图"，如图11-8所示。

第三篇　综合实践

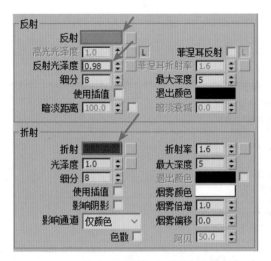

图11-7　修改"反射"和"折射"颜色

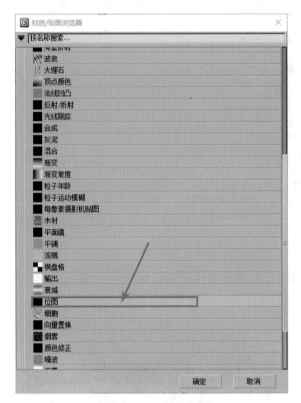

图11-8　选择"位图"

❽ 然后弹出"文件选择"对话框，在对话框中选择"11章\map\水-bump.jpg"文件，单击"打开"按钮，如图11-9所示，水面的波纹效果就设置好了。最后将所设置的材质赋予选定的水面模型即可。

❾ 然后设置水面的全局照明。设置水面的全局照明会影响墙面的色彩，按F10键打开渲染设置面板，单击"VR_设置"一栏，打开"V-Ray::系统"卷展栏，如图11-10所示，单击"对象设置"按钮。

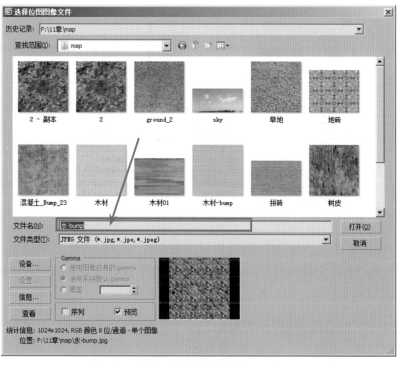

图11-9 选择相应文件

图11-10 单击"对象设置"

⑩ 单击"对象设置"按钮后如图11-11所示。

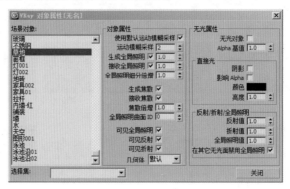

图11-11　设置对象相关属性界面

⑪ 由于要设置水面产生GI来影响墙面的颜色，所以在场景对象中单击选择"泳池"，单击勾选"生成全局照明"和"接收全局照明"选项，并将值都设置为1.0，如图11-12所示，这样墙面就会反射水面的颜色。

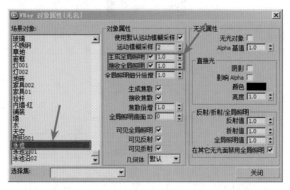

图11-12　对象属性设置

11.2.2　室内地面生成全局照明

继续在"场景对象"中选择"地砖"，然后勾选"生成全局照明"和"接收全局照明"选项，并将值都设置为1.0，如图11-13所示，室内地面的GI就设置好了。

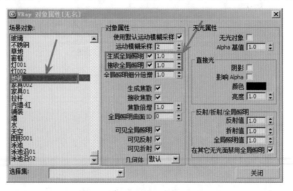

图11-13　设置"地砖"属性

11.2.3 玻璃反射的制作

❶ 选择建筑物中的玻璃材质，右键单击，选择"孤立当前选择"，将所选对象进行孤立，如图11-14所示。

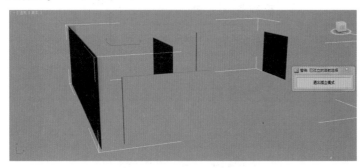

图11-14 孤立所选对象

❷ 按M键打开"材质编辑器"，选择一个空白材质球。单击Standard按钮，在弹出的"材质/贴图浏览器"中选择"VR材质"，如图11-15所示。

图11-15 选择VR材质

❸ 修改反射参数。打开"基本参数"卷展栏，在"反射"区域将"反射"后的颜色块改为白色，勾选"菲涅耳反射"选项，并将"菲涅耳折射率"改为2.6，如图11-16所示。

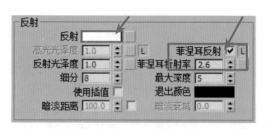

图11-16 修改"反射"参数

❹ 修改折射参数。在"基本参数"的"折射"区域内，将"折射"后的颜色块改为白色，"折射率"改为1.01，"烟雾颜色"改为淡蓝色，"烟雾倍增"改为0.32，如图11-17所示。

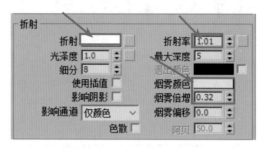

图11-17 修改"折射"参数

❺ 玻璃材质就设置好了，然后单击"将材质指定给选定对象"按钮，将设置好的材质赋予玻璃模型。

11.2.4 墙面材质

❶ 单击建筑物的墙面，右键单击，选择"孤立当前选择"，将所选的墙面模型孤立出来，如图11-18所示。

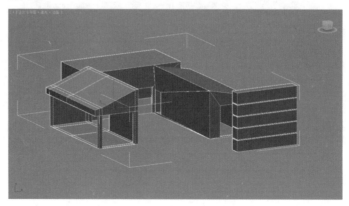

图11-18 孤立出墙面模型

❷ 按M键打开"材质编辑器"，选择一个空白材质球。然后单击Standard按钮，在弹出的"材质/贴图浏览器"窗口中选择"VR材质"，如图11-19所示。

❸ 打开"基本参数"卷展栏，将"漫反射"后的颜色块改为浅灰色，如图11-20

（a）所示。然后单击"颜色"块后的按钮，在弹出的"材质/贴图浏览器"窗口中选择"位图"，如图11-20（b）所示。

图11-19　选择VR材质

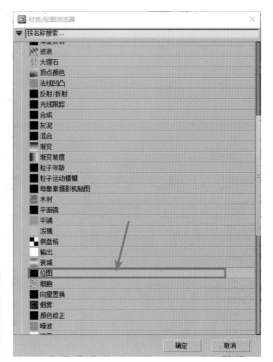

（a）"漫反射"改为浅灰色　　　　　　　　　（b）选择"位图"

图11-20　漫反射设置

❹ 弹出"文件选择"对话框，在弹出的对话框中选择"11章\map\混凝土_Bump_23.jpg"文件，单击"打开"按钮，如图11-21所示。

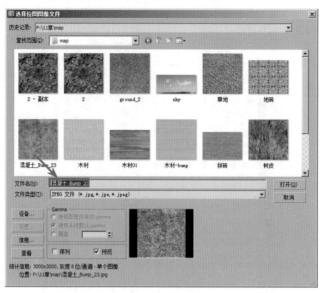

图11-21 选择相应文件

❺ 下面给墙面添加漫反射贴图。打开"贴图"卷展栏，单击"漫反射"后的None按钮，如图11-22（a）所示。在弹出的"材质/贴图浏览器"窗口中选择"位图"，如图11-22（b）所示。

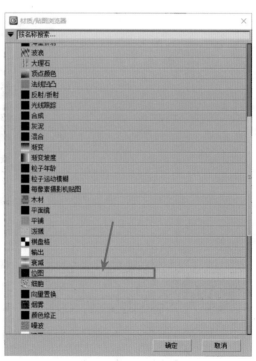

（a）单击"漫反射"后的None按钮　　　　　　（b）选择"位图"

图11-22 添加"漫反射"贴图

⑥ 在弹出的"文件选择"对话框中，选择"11章\map\混凝土_Bump_23.jpg"文件，单击"打开"按钮，如图11-23所示。

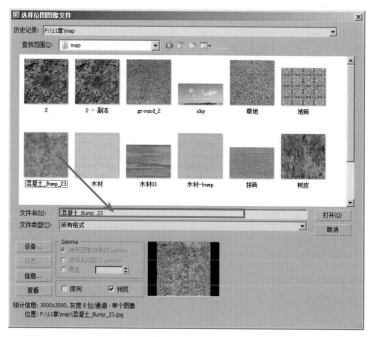

图11-23　选择相应文件

⑦ 单击"返回父级对象"按钮，返回父级。将"漫反射"后的数值改为20.0，如图11-24所示。

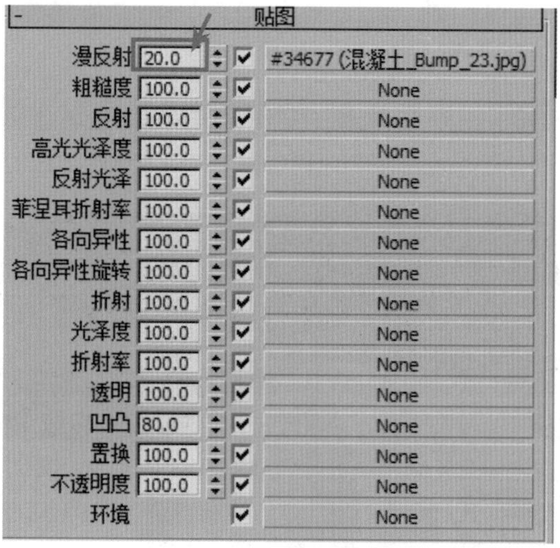

图11-24　修改"漫反射"值

⑧ 给墙面添加凹凸材质。单击"凹凸"后面的None按钮，在弹出的"材质/贴图浏览器"窗口中选择"位图"，然后在打开的对话框中选择"11章\map\混凝土_Bump_23.jpg"文件。或者直接复制"漫反射"后的贴图，然后粘贴到"凹凸"贴图上，如图11-25所示。

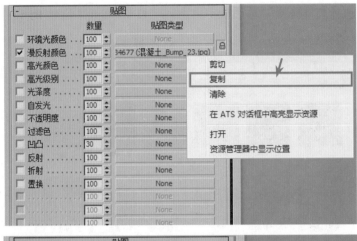

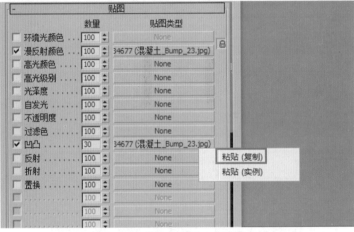

图11-25　复制、粘贴贴图

❾ 墙面材质就设置好了，最后单击"将材质指定给选定对象"即可，渲染效果如图
11-26所示。

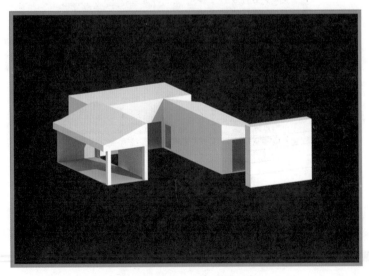

图11-26　渲染效果

11.2.5 树木产生全局照明影响墙面的漫反射颜色

❶ 按F10键打开"渲染设置"面板，选择"VR-设置"并打开"V-Ray::系统"卷展栏，单击"对象设置"按钮，如图11-27所示。

图11-27 单击"对象设置"

❷ 弹出"对象属性"窗口，如图11-28所示。

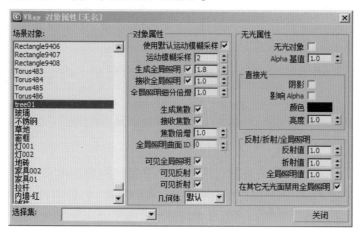

图11-28 "对象属性"窗口

❸ 在"场景对象"中选择"tree02",然后在对象属性中勾选"生成全局照明"和"接收全局照明"选项,并将"生成全局照明"后的数值改为1.8,将"接收全局照明"后的数值设为1.0,如图11-29所示。树的全局照明参数就设置好了。

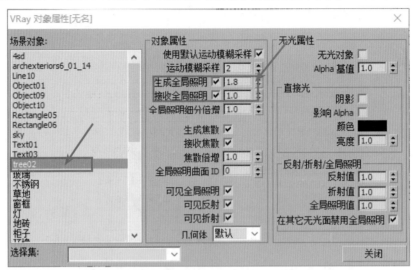

图11-29　设置"tree 02"

11.2.6　地面材质指定

❶ 选择地面模型,右键单击,选择"孤立当前选择",将所选对象进行孤立,如图11-30所示。

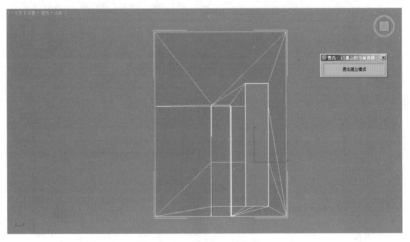

图11-30　孤立所选对象

❷ 按M键打开"材质编辑器",选择一个空白材质球,单击右上角的Standard按钮,在弹出的"材质/贴图浏览器"窗口中选择"VR材质",如图11-31所示。

❸ 打开"基本参数"卷展栏,在"漫反射"区域,单击"漫反射"后的空白按钮,在弹出的"材质/贴图浏览器"窗口中选择"位图",如图11-32所示。

图11-31 选择VR材质

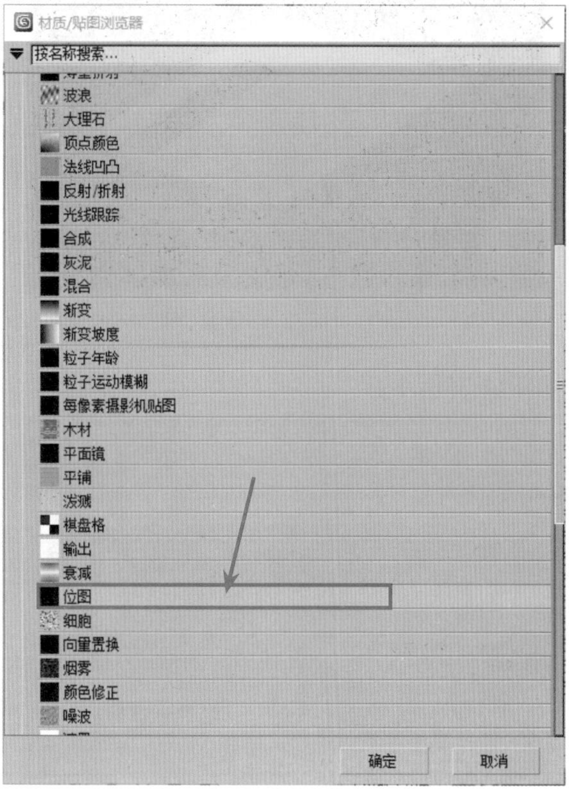

图11-32 选择"位图"

❹ 在弹出的对话框中选择"11章\map\地砖.jpg"文件，如图11-33所示。

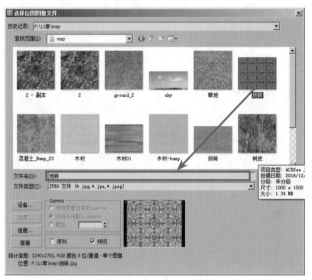

图11-33 选择相应文件

❺ 单击"返回父级对象"按钮，回到父级对象。然后单击"将材质指定给所选对象"按钮，地板的材质就指定完毕了，最后效果如图11-34所示。

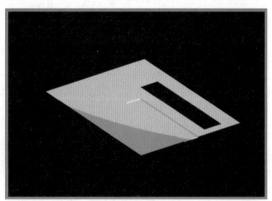

图11-34 效果图

❻ 最后渲染结果如图11-35所示。

图11-35 渲染效果

11.2.7　在Photoshop中进行调节

❶ 首先给渲染后的图片添加素材，素材如图11-36所示。

图11-36　素材

❷ 给场景添加素材后结果如图11-37所示。

图11-37　添加素材后效果

❸ 对图片进行色调调节，结果如图11-38所示。

图11-38　调节色调后效果

11.3　小结

　　本案例主要讲述了日光环境下带有游泳池的建筑物一角的景象，主要包括水面材质的制作、透明玻璃的制作、墙面材质的制作和GI的设置。水面材质的制作主要用到了VRayMtl材质，并对漫反射、反射和折射的颜色进行设置，并修改反射光泽度，最后在贴图卷展栏中给凹凸添加一个贴图。单个物体的GI设置，首先需要打开渲染器设置，然后单击"VRay_设置"，在"V-Ray::系统"中单击"对象设置"，并在弹出的面板中进行修改，选择对应的对象，然后修改"生产全局照明"和"接收全局照明"的数值即可。制作透明玻璃时，需要先将材质设定为"VRayMtl"类型，然后将"反射"和"折射"的颜色都改为白色，并在反射区域中勾选"菲涅耳反射"，将"菲涅耳折射率"改为2.6，折射中不仅要设置折射数值和颜色，还要设置烟雾颜色和倍增。墙面设置需要给漫反射和凹凸分别添加一个贴图，并将漫反射的数值改为20。

11.4　习题

选择题

（1）在场景中，将线框转化为实体的快捷键是（　　）。

A. F10　　　　　　　B. F9　　　　　　　　C. F3　　　　　　　　D. F

（2）在设置水面材质时，应将水面的漫反射改为（　　）。

A. 蓝色　　　　　　　B. 灰色　　　　　　　C. 白色　　　　　　　D. 黑色

（3）设置水面材质时，应将水面的折射颜色改为（　　）。

A. 蓝色　　　　　　　B. 灰色　　　　　　　C. 蓝灰色　　　　　　D. 黑色

（4）设置单个物体的全局照明，应在（　　）中进行设置。

A. 渲染设置　　　　　B. 对象属性　　　　　C. 材质编辑器　　　　D. 修改器

（5）在设置玻璃材质时，应使用（　　）的类型的材质。

A. 标准材质　　　　　B. VRayMtl　　　　　C. 多维/子对象　　　D. 合成

（6）设置水面材质时，应将反射颜色修改为（　　）。

A. 白色　　　　　　　B. 蓝色　　　　　　　C. 黑色　　　　　　　D. 蓝灰色

（7）设置水面材质时，应将烟雾颜色设置为（　　）。

A. 白色　　　　　　　B. 蓝色　　　　　　　C. 淡蓝色　　　　　　D. 黑色

（8）本案例中，设置墙面材质时，应将漫反射的颜色设置为（　　）。

A. 白色　　　　　　　B. 灰色　　　　　　　C. 黑色　　　　　　　D. 蓝色

（9）设置墙面材质时，应将漫反射的数值修改为（   ）。

A. 20　　　　　　　B. 40　　　　　　　C. 60　　　　　　　D. 80

（10）在设置树木产生GI时，应将"产生GI"的值改为（   ）。

A. 1.0　　　　　　　B. 2.0　　　　　　　C. 1.8　　　　　　　D. 0.5

11.5　答案

（1）C（2）A（3）C（4）A（5）B（6）A（7）C（8）B（9）A（10）C

第12章 中华民国·老街印象

项目实践学时

6

教学目的————————
通过综合性案例的学习来了解动画中场景的数字化设计与表现的思路。

教学内容————————
以北京林业大学动画专业本科学生的毕业设计——《烟》为例，讲解景观动画场景的设计与数字化实践。

12.1 案例简介

　　该案例源自北京林业大学动画专业2012级本科学生马雪婧、魏传明2016年的毕业设计——《烟》（见图12-1），该作品的指导教师为本书作者。该短片策划于2015年11月，完成于2016年6月，正片时长3.5分钟。本案例从剧本编写、场景设计与制作这两个方面来讲解创作过程，以飨读者。案例重在创作思路的拓展，并不拘泥于软件的步骤。

图12-1 《烟》海报设计

　　场景设计离不开剧本情节，本案例短片希望首先从时代设定上就与众不同，并结合作者自己的兴趣方向，从而确定了以动画作品中相对较少出现的民国时代为背景。故事时间设定为20世纪30年代的民国时期，地点为旧上海繁华地段。我们搜集民国时期的相关历史资料，分析当时与现代场景的不同之处，提炼出几个鲜明的时代特征。

12.2 项目实践

12.2.1 剧本编写

该片讲述了一个因一盒香烟引发的离奇故事，该故事包含了多层梦境、循环梦境等概念。故事的本身就是一层梦境，主人公又在梦中做梦。主人公是一个当铺的年轻掌柜，他在梦中失忆了，来到了一个陌生的城市。这里高楼耸立、却空无一人。他在马路上徘徊，好像要寻找什么，突然瞥见地上有一盒"名媛"牌香烟。传说中，这种香烟在全世界只有7盒，非常稀有。如果集全7盒香烟就会得到一个获得财富的秘密，因此成为权贵与市井百姓争相收藏的珍品。就在他伸手拾起香烟的刹那，一辆电车飞驰而过，将他从梦中惊醒。但是，他却惊奇地发现身旁奇怪地出现了梦中的香烟。就在他拿起香烟仔细端详时，一名精通催眠术和能够造梦的巫医推门而入，并索要这盒香烟。掌柜谎称没有，却被巫医识破，巫医偷偷将掌柜催眠并控制他的梦境。在梦中，巫医将自己化身成当红女星并索要香烟，就在几近成功时，这个催眠失败了。掌柜从这个梦中醒来，仓皇逃离到大街上，发现这里高楼耸立却空无一人，仿若刚刚来过似的。他似乎要寻找些什么却又想不起来，就在徘徊时突然瞥见地上有一盒"名媛"牌香烟。此时电车疾驰而过，预示着下一次循环的开始，短片结束。

本剧设想了有特色的场景和角色，希望能把他们写进剧本中。在编写剧本时，再根据情节改编角色和场景的设定。就这样通过互相影响的方式，完成了短片的剧本。

12.2.2 前期调研与资料采集

前期的调研与资料采集工作是景观动画影片创作的基础。一般会采用实地考察、文献调研及专家咨询等方法对动画要表现的时代文化、建筑特征与风土人情等元素加以了解并进行提取。本案主要通过文献调研的方法对老上海的繁华街景进行了研究，通过图片的筛选为后续建筑模型的建造提供依据。图12-2～图12-4源自http://www.eastday.com《重温真实的上海滩 找回尘封已久的记忆》。

从民国时期的这几个特征着手设计场景，从而大体上把握住时代特点。

（1）民国时期的文字一般为繁体，书写顺序是从右往左的；

（2）商铺的造型受到西方建筑的影响，呈现出一种中西合璧的特色；

（3）商铺的墙面会悬挂众多条幅与旗子。

图12-2　上海四马路（1920年）

图12-3　上海南京路福建路之间（1920年）

图12-4　上海南京路（1935年）

12.2.3　分镜设计

在确定了剧本之后，我们尝试写了文字分镜，通过头脑风暴后，由一名同学负责撰写。分镜进行了6次修改，并对分镜中的摄像机进行了反复推敲，找到了更好的构图或镜头语言表达方式。《烟》的文字分镜内容见表12-1。

表12-1　分镜头剧本——《烟》

场景	镜号	景别	拍摄方式	画面内容	音效	备注
片头	0	中景	固定镜头	片名——"烟"字幕淡出		
场景一·商业街	1	特写	摇镜头	镜头由天空滑向主人公的双眼	风声	
	2	全景	拉镜头	由面部缓拉镜头，主人公左右张望		
	3	全景	固定镜头	展现带有鞋帽商店、茶叶铺等建筑的繁华街景		
	4	全景	移镜头	走路的主人公在场景中渐隐出现，走过整条街，在乐器行停住，向右走出镜头	脚步声	
	5	特写	跟镜头移镜头	主人公从左入画，然后向街道右侧走	脚步声	
	6	全景	仰拍	主人公走向镜头，捡起香烟		
	7	特写	固定镜头	主人公看香烟，流露惊喜表情		
	8	特写	固定镜头	手里的香烟盒，亮闪闪，是由一位女明星代言的		
场景二·当铺	9	特写	固定镜头	巨大电车鸣笛声，转头	鸣笛声	
	10	近景	拉镜头	主人公从梦中醒来		
	14	近景	固定镜头	主人公转头观看		
	15	特写	摇镜头	柜台上显现香烟盒		
	16	近景	固定镜头	主人公惊喜，右手拿起，放入口袋		
	17	特写	移镜头	主人公打算盘	算盘声	
	18	近景	固定镜头	掌柜抬头		
	19	近景	固定镜头	巫师进入当铺，拿出一张香烟海报，讨烟		
	20	特写	摇镜头	掌柜摸一摸藏在口袋里的香烟，紧紧一握		
	21	近景	固定镜头	主人公摇头		
	22	中景	环绕镜头	镜头绕巫师旋转，巫师开始催眠，镜头停住，主人公笔直倒下	嘈杂声	
场景三·药铺	23	特写	固定镜头	微睁一只眼，看到当铺外间的天花板		
	24	特写	固定镜头	微睁一只眼，看到晃动的车顶	搬运声，马车声	
	25	特写	固定镜头	微睁一只眼，看到药铺地面	搬运声，马车声	
	26	特写	固定镜头	黑场，大量符咒涌入画面		

数字·景观·表现 3ds Max 景观动画设计

场景	镜号	景别	拍摄方式	画面内容	音效	备注
场景四·休息室	27	中景	摇镜头	符咒在画面中变淡，醒来，出现女明星	老唱片	
	28	中景	固定镜头	女明星转过身	老唱片	
	29	中景	固定镜头	女明星用一手掐烟，妩媚地看着主人公	老唱片	
	30	中景	摇镜头	女明星一边吐着烟圈，一边向主人公走来	老唱片，脚步声	
	23	特写	固定镜头	女明星向主人公伸出玉手，套取香烟	老唱片	
	24	中景	固定镜头	主人公受到诱惑，眼神迷离	老唱片	
	25	近景	推镜头	主人公受到诱惑，陷入妄想	老唱片	
	26	全景	固定镜头	主人公右手从口袋中掏出香烟	老唱片	
	27	中景	固定镜头	主人公欲要将烟递过去	老唱片，脚步声	
	28	中景	固定镜头	主人公转头偶然看到镜子	老唱片	
	29	中景	固定镜头	发现女星在镜子里的形象是巫医	老唱片	
	30	特写	固定镜头	女星满脸笑颜地望着主人公	老唱片	
	31	中景	摇镜头	主人公看镜子里的巫医		
	32	中景	摇镜头	主人公看镜子外的女星		
	33	中景	摇镜头	主人公看镜子里的巫医		
	34	中景	摇镜头	主人公面露惊恐之色		
	35	中景	固定镜头	主人公收手拿香烟，放回口袋，站起		
	36	特写	固定镜头	主人公向后倒，掉入一个黑洞	风声	
	37	特写	固定镜头	主人公眨眼		
场景三·药铺	38	特写	固定镜头	主人公闭眼		
	39	特写	固定镜头	主人公睁眼，向右看，发现穿越到药铺		
	40	中景	固定镜头	巫医向主人公扑来		
	41	中景	固定镜头	主人公惊恐		
	42	中景	固定镜头	主人公起身逃跑	脚步声	
	43	特写	固定镜头	主人公匆忙中掉了香烟		
	44	特写	固定镜头	主人公开门	开门声	
	45	近景	移镜头	巫医看着香烟盒，推了推眼镜，抚了抚胡子，微笑，画面淡出	关门声，脚步渐远	
	46	近景	固定镜头	主人公突然停下，低头		
场景一·商业街	47	特写	固定镜头	主人公摸口袋		
	48	近景	固定镜头	主人公发现烟不见了，面露惊讶表情		
	49	中景	固定镜头	主人公找香烟	脚步声	
	50	远景	摇镜头	主人公继续找香烟	脚步声	
	51	中景	固定镜头	正要走过来，一辆电车飞驰而过	鸣笛声	
	52	中景	固定镜头	画面淡出，结束		
片尾	53	中景	固定镜头	字幕出现		

12.2.4　文字

　　民国时期，文字的书写顺序与古代一样，是从右侧开始竖写，竖版文字从甲骨文开始被使用了几千年。《新青年》（图12-5）在1917年发表了钱玄同给陈独秀写的公开信，他认为竖排的文字阅读起来费时费力，汉字写作笔划顺序应该是从左到右。陈独秀对该观点表示认同，但在当时并未引起共识，并没有对当时的书写方式产生影响。当时，大众使用繁体字，直至中华人民共和国成立以后，以简体字为主的横排文字才得到广泛推广。1956年1月，中华人民共和国发布了《关于公布〈汉字简化方案〉的决议》，将简化字推广到全国。由此可以看出，在以民国为时代背景的动画片中，文字是右起横竖排的繁体字。民国时代街景如图12-6与图12-7所示。

图12-5　《新青年》

图12-6　上海南京路中段

图12-7　南京路（1935年）

　　现在使用的文字都是从左边开始书写的简体字，中华人民共和国成立以后，横排文字印刷已得到广泛推广。1955年1月，《光明日报》首先将文字改为横排，1956年1月

《人民日报》等其他中央和地方的报纸都改为横排文字。1956年1月，中华人民共和国发布《关于公布〈汉字简化方案〉的决议》，将简化字推广到全国。由此可以看出，在以民国时代为背景的动画片中，文字应该是右起横竖排相结合的繁体字。

12.2.5 建筑

上海在传统农业转向近代工商业的过程中，开埠和租界区的产生与发展发挥了巨大的作用，随之西方的各种造型的建筑也出现在上海。上海最开始的西方建筑主要是洋行、银行、教堂和外国人的住宅等，洋行、银行和外国人住宅采用西方的建筑风格，而教堂使用的是西方的折衷主义风格样式，石库里的民居则采用中西结合的建筑风格，这就是当时上海的建筑风格。随后，学校、图书馆、医院、博物馆、电影院、厕所、游乐场等建筑开始采用西式风格，公共事业的兴办给当时的国人带来了震撼的感官刺激，在精神和物质的层面给国人带来了新鲜感，使全国各地的人们在上海涌现。国外的商人开始大规模的建造其本国风格的住宅以及与经济紧密相连的具有各种实用功能的建筑，如银行、洋行、交易所、博物馆、电影院、俱乐部、邮局、饭馆等。一时之间，豪华风格的西式建筑在上海风靡，风格一般为古典复兴或者文艺复兴时期的建筑类型，是对英、法、德、意等国建筑的模仿。总之，民国时期的上海建筑是中式与西式风格相结合而产生的，同时也是中国古代建筑与现代建筑的重要的转折阶段，经历了从对外国建筑风格的完全模仿到中西合璧的过程。

在此只对最复杂的大街外景稍作介绍，这里从众多资料中选取了几个店铺进行参照，如图12-8所示。

图12-8　照片与场景对比

第一个是"鞋帽商店"，因为所设计的街道正好需要在拐角有一家店铺，所以决定参照这张图中的店铺造型进行设计。店铺招牌上方的巨大广告牌是有很大创意空间的构件，所以决定保留，并在街道上的众多店铺房顶上安放了直立广告牌，用图文信息来丰富场景，以众多的广告牌来营造繁华盛况。

第二个是"茶叶铺"（见图12-9）。一家店的店面大门上拉了一条横幅，上面是石制的厚重招牌，第二和第三层楼的阳台上布置着圆形独立宣传大字，店面两侧石柱上刻着两句对仗的广告语，二三层中间还亮出了"金叶商标"的认证标志。一栋楼上展示着五种形式的广告，与现代广告相比有着突出的特色和魅力。这栋建筑的设计采用了中西合璧的思路，主体采用西方建筑的设计手法，局部装饰了古典的东方元素。

图12-9　照片与场景对比

第三个是"乐器行"（见图12-10）。这是一间完全西式的店铺，考虑到大街上店铺种类的搭配，决定加入一间乐器行。场景中需要西式的建筑来表明民国时代特征，与现代大街的建筑形式区别开来。这间乐器行的玻璃橱窗展示完全仿效西方建筑，和现代商店也相差无几，是整个大街场景中代表西式建筑的重要组成部分。

图12-10　照片与场景对比

12.2.6　场景中期制作

动画艺术短片《烟》是三维动画，场景搭建和角色制作主要在3ds Max软件中进行。本章着力于分析场景方面的设计制作，将会略去角色制作等步骤，所以场景制作之后的调节表情动作，添加摄影机拍摄、渲染输出的步骤也不再赘述。短片共有4个场景，为避免不必要的重复，这里将着重介绍大街场景的制作过程。

1. 建模

整个动画短片的模型制作主要是在3ds Max软件中进行的，这里挑选了几个建筑部分进行介绍。第一个是"茶叶铺"茶叶铺。

（1）茶叶铺。

❶ 首先创建长方体，并转化为可编辑多边形，做好墙体结构，留出门窗位置。加上店面两边柱子、二层的阳台和门窗，给三层阳台加上栏杆，如图12-11。

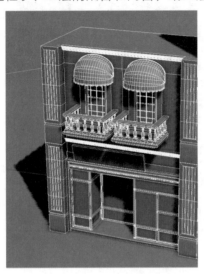

图12-11　场景截图 墙体

❷ 制作促销广告标语。创建圆柱后，转化为可编辑多边形并调整形状；添加文本，给文本添加"壳"修改器；文字周围有一圈小球。先创建好一个半球，移动它的对称中心到圆柱的圆心，再对这个半球使用阵列工具，如图12-12所示。

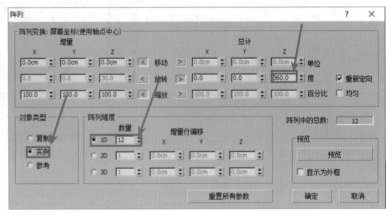

图12-12　场景截图 圆形广告牌

❸ 最后添加其他文本文字，结果如图12-13所示。

（2）乐器行。

第2个是"乐器行"。参考图12-14中的橱窗结构，通过可编辑多边形模型技术，结合可编辑修改器对橱窗进行几何体建模。

❶ 参考图12-14，根据橱窗的结构创建多边形，并根据橱窗的木条分布对平面进行切割，如图12-15所示。

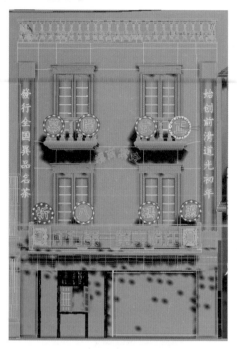

图12-13　场景截图　茶叶铺

图12-14　橱窗

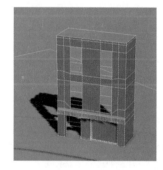

图12-15　橱窗

❷ 复制上述的可编辑多边形，并对复制后的可编辑多边形添加"晶格"修改器，参数设置如图12-16（a）所示，效果如图12-16（b）所示。

（a）参数设置

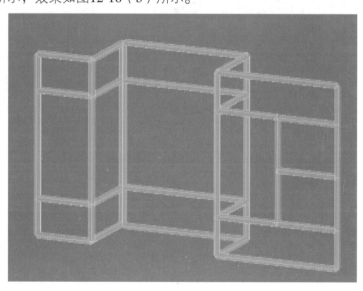

（b）效果图

图12-16　参数设置

❸ 柱子的花纹由多次倒角而成。做好一个柱子，复制两个并附加在一起，再使用线

段编辑面板里的"桥"连接形成墙面，如图12-17所示。

❹ 添加窗户、招牌、石膏线等细节，做好一个店面，如图12-18所示。之后复制即可。

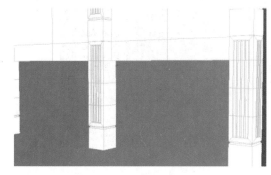

图12-17　柱子连接出墙面

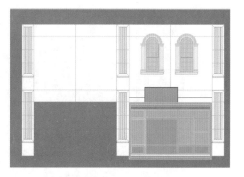

图12-18　店面

（3）天新鞋帽店，如图12-19所示。

❶ 根据材质的不同可将商店大体分为三个部分，使用可编辑多边形创建，先做出店面，如图12-20所示。

图12-19　天新鞋帽店

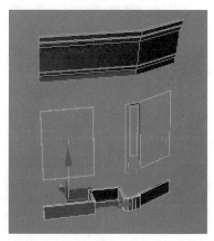

图12-20　做出店面

❷ 为招牌加上文字。创建文本，输入商店名称，选择合适字体与大小。再给文本添加"壳"修改器，厚度为10cm，如图12-21所示。

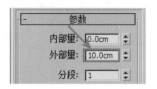

图12-21　创建文字

❸ 添加招牌上方的广告牌，店面创建完成，如图12-22所示。之后放入场景中，再根据需要从两侧拉出面，创建出侧面的墙壁。

图12-22　店面完成效果

（4）电线杆。

最后是街道两边的电线杆。电线杆虽然不是建筑主体，但在场景中有很重要的作用，在添加电线杆之后，场景的天空有了线条划分，错落的电线分布让场景更加生动。使用圆柱体、长方体和样条线组合成电线杆，并附加在一起。摆放好相邻电线杆的位置后，在它们之间穿上电线，使用样条线来编辑。与电线杆相交的顶点为"角点"，垂吊在电线杆之间的顶点为"平滑"。做好一条进行复制即可，可随机空缺几根电线，如图12-23所示。

 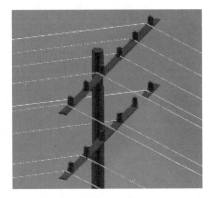

图12-23　场景截图　电线杆

2. 模型的整合和渲染

❶ 天空制作。在顶视图创建球体，转化为可编辑多边形，删去下半球，高度稍稍缩小，翻转法线，如图12-24所示。

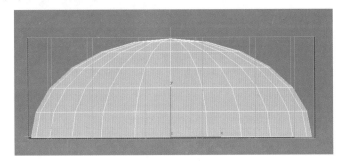

图12-24　天空制作

❷ 地面制作。创建一个大的平面，再用样条线画出马路两侧的商店区域，挤出，如图12-25所示。

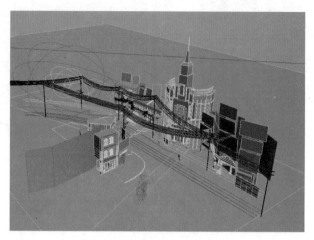

图12-25　地面制作

❸ 在马路两侧摆放一些长方体，确定尺寸，调整街道宽度、布局，为之后整合做准备，如图12-26所示。

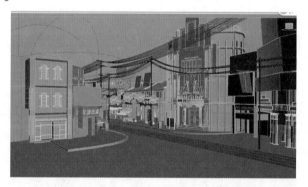

图12-26　摆放长方体

❹ 模型整合。把之前独立做好的几个商店导入上述场景，替换掉长方体，创建摄像机，观察建筑布局是否美观合理。大街场景的两个镜头素模渲染图，如图12-27所示。

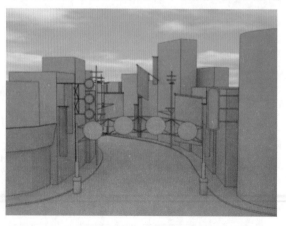

图12-27　场景截图

12.2.7　贴图制作

本案的贴图主要是制作场景中广告牌上的广告海报和两侧店铺上插着的旗子贴图。在此简要叙述一下两幅广告海报的制作过程。

第一张是"虎标万金油"广告，这是当时著名的万金油品牌。搜集资料时找到这个广告的黑白照片，但是照片模糊不清且黑白照片根本无法使用。于是作者参照照片制作了这张贴图。首先，注意广告上的文字是右起横排的繁体字，其次，通过网络寻找到比较清晰的"虎标"商标图片，对其进行处理后加入到这张广告中。由于资料都是黑白照片，这里为字体和背景适当地搭配了色彩，焕然一新。最后，为广告图加入纸质的做旧痕迹，完成了这张广告图，如图12-28所示。

图12-28　广告牌贴图

第二张是"英雄牌绒线"的广告，这同样是有历史依据的著名绒线品牌。在场景中加入部分在历史上真实存在的广告元素，其他部分加入想象的公司广告，这样让场景即合理、可信又生动有趣。这张广告的字体运用十分丰富，共有4种字体，文字排列采用横竖排结合的方式，与之前茶叶铺的设计一样地物尽其用。这张广告将应用于场景中最大的一块广告牌上，选用这张信息量大的广告能增添场景的繁华气氛。首先，"英雄牌"三个字用描黑色细边的白色大字突出；其次，"绒线"与之相反，采用了描白边的黑色字体；两侧安排了竖排的宣传标语；左下角是经典小字"各处均售"。这两块广告牌在场景中都很大，采用土黄色与第一张广告的颜色搭配，如图12-29所示。

图12-29　广告牌贴图

除了众多的广告牌贴图需要制作，在大街场景中还有另一批数量众多的贴图需要制作，那就是商铺前的招牌旗子，如图12-30所示。旗子贴图主要以白底黑字为主，有少量红色和黄色的旗子作为点缀。值得一提的是，虽然大部分旗子是规则的长方形，但为了效果更丰富，这里还制作了几面有飘带垂下的旗子，如图12-31所示。这类旗子在制作贴图时需要多制作一张匹配的黑白贴图，用于设置材质时将不需要的部分做透明处理。

图12-30　其他广告牌贴图

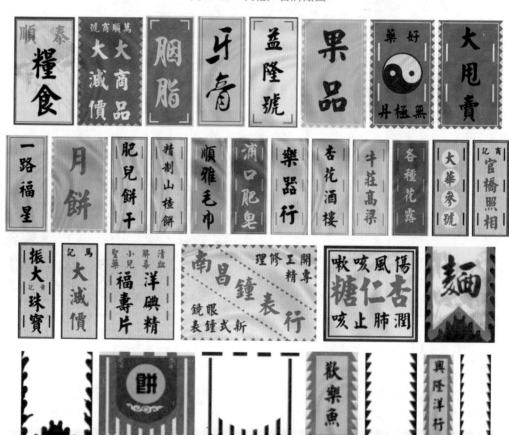

图12-31　贴图

12.2.8　灯光

因为场景很庞大，添加过多的灯光虽然可以使光影效果更细腻，但会给计算机的运行带来负担，对后续的制作进程产生影响。所以在满足场景灯光效果的前提下，应尽量减少灯光的使用。在尝试了普通日景的光照效果后，本案选择将大街场景设定在黄昏时分。黄昏时太阳西斜，建筑影子被拉得很长，阴影面积增大，在这个场景中能产生丰富的光影效果。并且橙色的阳光照在大街上，使这个以民国时期为时代背景的场景更增添了怀旧色彩。

场景中的灯光很简单，共3个，如图12-32。

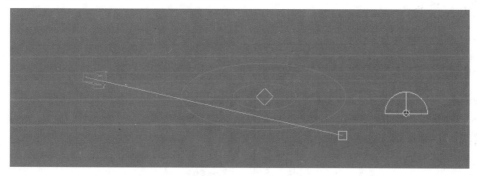

图12-32　场景截图

先添加一个目标平行光，作为主光——太阳光。打开阴影，因为模拟黄昏时的灯光，所以太阳光角度很低，且颜色为橙色，如图12-33（a）所示。然后在顶视图添加一个VRay灯光，选择类型为"穹顶"，打开阴影，如图12-33（b）所示。最后，在摄像机观察时发现街道深处灯光太暗，并为了配合天空云彩颜色，添加一个紫色泛光灯作为补光，如图12-33（c）所示。

（a）阳光设置　　　　　（b）添加VRay　　　　（c）添加补光

图12-33　软件截图

12.2.9 渲染

选择VRay渲染器，打开内置帧缓存和全局照明，具体参数如图12-34所示，测试结束后需将参数质量适当提高。

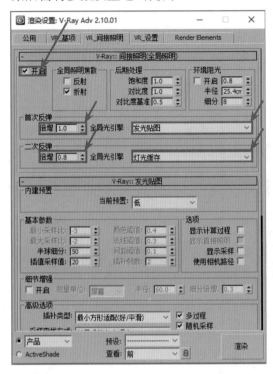
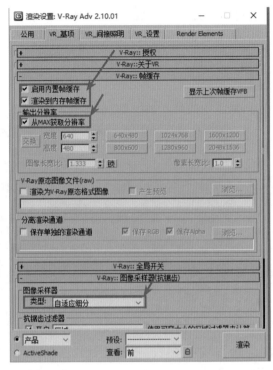

图12-34　软件截图

渲染前，先参照分镜头剧本添加好摄影机，在3ds Max中导出了每个镜头的预览视频。然后感受镜头的节奏，整个短片的长短等，将镜头进行剪辑。根据这个初剪的视频，这里制定了详细的渲染镜头时间表，即每个镜头的长度，见表12-2所示。

表12-2　渲染镜头时间表

镜头描述	时间	文件名
1. 片头	0:0:0 — 0:7:0	大街a
2. 大街远景	0:7:1 — 0:7:14	
3. 大街全景	0:7:15 — 0:9:19	
4. 街道画面	0:9:20 — 0:17:5	大街b
● 第一个人出现	（0:9:20 — 0:12:20）	
● 第二个人出现	（0:11:13 — 0:14:20）	
● 第三个人出现	（0:13:0 — 0:17:5）	
5. 镜头跟拍	0:17:6 — 0:20:19	
6. 掌柜捡起香烟，画面淡出	0:20:20 — 0:25:14	大街c
● 香烟特写	（0:20:20 — 0:23:13）	
● 画面渐隐	（0:22:19 — 0:25:14）	

7. 掌柜表情特写	0:25:15 — 0:26:22	
8. 香烟特写	0:26:23 — 0:28:21	大街d
9. 掌柜回首	0:28:22 — 0:29:16	
10. 电车驶过、镜头转场	0:29:17 — 0:30:20	
11. 掌柜惊醒	0:30:15 — 0:32:19	
12. 当铺全景	0:32:20 — 0:34:10	
13. 当铺中景	0:34:11 — 0:36:13	
14. 掌柜表情特写	0:36:14 — 0:38:20	
15. 发现香烟	0:38:21 — 0:42:12	
16. 香烟特写	0:42:13 — 0:43:20	
17. 拿起香烟	0:43:21 — 0:46:11	
18. 放入口袋，用手轻拍	0:46:12 — 0:47:18	
19. 掌柜低头查账	0:47:19 — 0:49:12	
20. 柜台空镜头、展示道具	0:49:13 — 0:56:15	
21. 巫医入镜	0:56:16 — 0:57:10	当铺
22. 反拍掌柜	0:57:11 — 0:58:14	
23. 掌柜表情特写	0:58:15 — 0:59:2	
24. 巫医拿出香烟海报	0:59:3 — 1:3:8	
25. 掌柜惊讶	1:3:9 — 1:4:5	
26. 掌柜摸摸自己口袋	1:4:6 — 1:7:6	
27. 掌柜摇头说没有	1:7:7 — 1:8:18	
28. 反拍巫医	1:8:19 — 1:10:5	
29. 反拍掌柜	1:10:6 — 1:11:0	
30. 巫医对掌柜催眠、镜头特效	1:11:1 — 1:21:21	
31. 掌柜被催眠，入睡	1:21:22 — 2:10:2	
32. 主观视角	2:10:3 — 2:10:16	
33. 掌柜醒来	2:10:17 — 2:12:1	
34. 巫医特写	2:12:2 —2:14:3	药店a
35. 药店全景	2:14:4 —2:15:7	
36. 掌柜起身、逃跑	2:15:8 — 2:16:2	
37. 香烟掉落	2:16:3—2:17:2	
38. 开门逃出、跌倒入梦	2:17:3—2:17:12	药店b
39. 香烟特写	2:17:13—2:24:9	
40. 掌柜醒来	2:24:10—2:36:3	
41. 休息室全景	2:36:4—2:39:0	休息室a
42. 女星转身	2:39:1—2:46:17	
43. 女星走来	2:46:18—2:54:12	
44. 暗示交换	2:54:13—2:55:20	休息室b
45. 反拍掌柜	2:55:21—2:56:12	

第三篇 综合实践

46. 反拍女星	2:56:13—2:58:6	
47. 掌柜拿香烟	2:58:7—3:1:0	
48. 女星伸手索要	3:1:1　3:2:4	
49. 特写掌柜	3:2:5—3:3:11	
50. 掌柜从镜子发现倪端	3:3:12—3:4:22	
51. 掌柜转头看女星	3:4:23—3:5:8	
52. 特写女星表情	3:5:9—3:6:17	
53. 掌柜转头看镜子、疑惑	3:6:18—3:7:0	休息室b
54. 镜子反射的特写	3:7:1—3:7:23	
55. 掌柜转头再看女星	3:7:24—3:8:2	
56. 女星继续走近	3:8:3—3:9:0	
57. 掌柜转头再次看镜子、吃惊	3:9:1—3:9:16	
58. 掌柜拿住香烟	3:9:17—3:10:16	
59. 掌柜逃离休息室	3:10:17—3:11:0	
60. 掌柜跌倒、再次入梦	3:11:1—3:12:8	
61. 开始	3:12:9—3:20:0	
62. 摸口袋	3:20:1—3:30:0	大街e
63. 循环进入初始情境	3:30:1—3:44:0	

确定了每个镜头的长度，再调整人物动作，渲染时也尽量避免了多余渲染，节省了很多时间。图12-35是短片中几个场景的渲染展示。

图12-35　场景截图

12.2.10　音效配音

在这部以民国为时代背景的动画短片中，使用恰当的有明显时代记忆的音乐能为短片增色不少。这部短片中，在女明星的休息室场景中设计了一台老式留声机。剧情中休息室的部分需要一首老唱片歌曲，由女歌星来演唱，这也是整个短片中唯一有语言的音乐。在为这段音乐配音时听了几百首民国时期的歌曲。提到那个时期的老歌，大家很容易想到《夜上海》《夜来香》等耳熟能详的经典名曲。但也正因为这些歌曲太过经典，观众已经有了先入为主的记忆，在听到这些歌曲的时候难免会联想到其他作品。所以这里希望选择既有鲜明时代特征又不会被其他影视作品使用过多的民国老唱片歌曲。最后，这里选择了张露演唱的《褪了色的梦》。这首歌不仅与短片情节的气氛融合，歌词也与短片主体"梦"相呼应。短片中其他音效部分，在编写剧本时作了标注，提前做好了准备。还有一些需要渲染气氛的地方使用的音效，为让短片整体音乐效果统一，则尽量在爵士乐队演奏的民国老歌中截取。

12.3　小结

本案例主要讲述上海老街的制作过程。制作动画的前期首先收集资料，找到动画发生的时代背景，例如建筑物的风格、文字的书写方式等，民国时代的建筑风格主要是中式建筑与西式建筑相结合，文字使用繁体字，文字书写方式为竖排编写。然后撰写分镜头脚本，详细写出每个镜头的镜头角度、时间、镜头的移动方式和场景等信息。最后建模、贴图、添加灯光并渲染，在后期软件中合成。建模属于动画制作的中期阶段，包括茶叶铺、乐器行、鞋帽店、电线杆的制作，还有天空的制作和贴图。在茶叶铺的创建中，先建立墙体，然后添加门、窗户、阳台和栏杆，最后添加文字。乐器行的创建中，橱窗是通过对可编辑多边形进行复制并添加晶格修改器而成，柱子的花纹使用倒角修改器而成。电线杆使场景画面变得更加丰富，电线使用样条线进行编辑而成。其次，本案例中需要利用三维软件进行制作模拟二维平面效果，所以多次使用了材质的自发光，改变材质球的自发光值，将物体的立体感去掉，呈现二维平面效果。然后给漫反射添加一个衰减贴图，调节中间与边的颜色，并调整曲线参数，然后再给白色块添加一个衰减贴图，调整参数曲线，再给黑色块后边添加一个遮罩贴图。制作石头的水墨效果时要注意调整参数曲线时使黑白更加分明，树叶水墨效果的制作要给漫反射和折射添加颜色。

12.4　习题

1. 设计实践题

鼓楼位于北京市中轴线上，鼓楼东大街与地安门外大街交会处，与钟楼一起，为元、明、清代的全城报时中心。北京鼓楼大街古朴厚重，两旁分布着四通八达的胡同、许多老字号商店与各种老北京小吃，而如今的鼓楼大街已逐渐弥漫着时尚的气息，古典与现代的融合使鼓楼大街焕发新的生机。

请以北京鼓楼大街为主题，通过调研，撰写一个200字左右的剧本，并以文字分镜的形式展示，并最终通过计算机的辅助复原北京老街的风貌。

2. 选择题

（1）茶叶铺模型的创建中，首先应建立一个（　　　）。

A. 长方体　　　　　B. 球体　　　　　　C. 圆柱体　　　　　D. 长方形

（2）在制作促销广告语时，首先应该创建的是（　　　）。

A. 长方体　　　　　B. 球体　　　　　　C. 圆柱体　　　　　D. 长方形

（3）创建乐器行模型时，对可编辑多边形添加（　　　）修改器来创建橱窗木质框边。

A. 晶格　　　　　　B. 倒角　　　　　　C. 挤出　　　　　　D. 车削

（4）本案例中主光的颜色为（　　　）。

A. 暖黄色　　　　　B. 蓝色　　　　　　C. 白色　　　　　　D. 灰色

（5）去掉模型的立体效果呈现二维效果，应该在材质编辑器中修改（　　　）。

A. 自发光　　　　　B. 高光级别　　　　C. 光泽度　　　　　D. 不透明度

（6）添加灯光时，为了与天空的颜色相配合，最后添加了一个（　　）颜色的泛光灯。

A. 暖黄色　　　　　　B. 蓝色　　　　　　　C. 紫色　　　　　　　D. 白色

（7）电线杆的制作中，电线使用（　　）创建。

A. 平面　　　　　　　B. 样条线　　　　　　C. 圆柱体　　　　　　D. 长方形

（8）制作树叶的水墨效果，需要给（　　）添加颜色。

A. 漫反射　　　　　　B. 折射　　　　　　　C. 环境光　　　　　　D. 漫反射和折射

（9）使画面呈现二维平面效果，需要给漫反射添加一个（　　）贴图。

A. 位图　　　　　　　B. 噪波　　　　　　　C. 衰减　　　　　　　D. 棋盘格

（10）使用阵列工具时，如果需要以Y轴为中心阵列12个物体，需要在阵列维度中设置（　　）。

A. ID=1 数量为12　　B. ID=2 Y=12　　　　C. ID=2 X=12　　　　D. ID=3 Y=12

12.5　答案

1. 设计实践题

（略）

2. 选择题

（1）A（2）C（3）A（4）A（5）A（6）C（7）B（8）D（9）C（10）A